农产品产地土壤环境质量例行监测信息管理系统数据字典

秦　莉　主编

中国农业出版社
北　京

图书在版编目（CIP）数据

农产品产地土壤环境质量例行监测信息管理系统数据字典／秦莉主编．—北京：中国农业出版社，2018.11
ISBN 978-7-109-24825-0

Ⅰ．①农…　Ⅱ．①秦…　Ⅲ．①农产品-产地-土壤环境-环境质量-土壤监测-管理信息系统-数据字典-中国　Ⅳ．①X833-61

中国版本图书馆CIP数据核字（2018）第252165号

中国农业出版社出版
（北京市朝阳区麦子店街18号楼）
（邮政编码 100125）
责任编辑　闫保荣

北京中兴印刷有限公司印刷　新华书店北京发行所发行
2018年11月第1版　2018年11月北京第1次印刷

开本：880mm×1230mm　1/32　印张：10.5
字数：300千字
定价：45.00元
（凡本版图书出现印刷、装订错误，请向出版社发行部调换）

主　编：秦　莉

编　者：（按姓氏笔画排序）

王　伟　安　毅　杜兆林　林大松

秦　莉　夏　晴　曾庆楠　窦韦强

霍莉莉

前言

“万物土中生”，土壤是人类赖以生存与发展的重要物质基础。农产品产地安全是农产品质量安全的源头，农用地土壤污染不仅威胁食品安全，而且还会对人体健康和生态环境安全造成威胁，进一步加剧我国的人地矛盾，已经成为“美丽中国”建设的一块短板。为切实加强土壤污染防治工作，2016年5月28日，国务院印发了《土壤污染防治行动计划》，其中，明确指出要“建立土壤环境质量状况定期调查制度”，“提升土壤环境信息化管理水平。利用环境保护、国土资源、农业等部门相关数据，建立土壤环境基础数据库，构建全国土壤环境信息化管理平台，力争2018年底完成。借助移动互联网、物联网等技术，拓宽数据获取渠道，实现数据动态更新。加强数据共享，编制资源共享目录，明确共享权限和方式，发挥土壤环境大数据在污染防治、城乡规划、土地利用、农业生产中的作用”。为科学管理和高效利用农产品产地土壤环境质量例行监测数据，贯彻落实《土壤污染防治行动计划》关于提升土壤环境信息化管理水平的意见，农业农村部环境监测总站研究开发了农产品产地土壤环境质量例行监测信息管理系统。

农产品产地土壤环境质量例行监测信息管理系统，采用互联网+环保的方式，从样点管理、样品采集、样品制备、样品流转、样品检测和样品质量控制等环节为土壤环境调查提供全过程信息化管理手段，并借助于现代信息科学技术，建立土壤环境基础数据库，构建土壤环境信息化管理平台，提供准确的土壤及农产品信息，及时反映土壤环境质量变化趋势，实现对农产品产地土壤环境质量例行监测信息的科学管理和高效利用，切实发挥土壤环境大数据在污染防治、城乡规划、土地利用、农业生产中的作用，为各级政府和农业管理部门科学决策提供了强有力的技术支持，对保障农产品质量安全、促进农业可持续发展具有重要意义。

《农产品产地土壤环境质量例行监测信息管理系统数据字典》是农产品产地土壤环境质量例行监测信息管理系统的核心内容之一，是在该系统的开发过程中编写完成的配套工具书。字典全面定义和规范了农产品产地土壤环境质量例行监测信息管理系统涉及的农产品产地土壤环境质量例行监测各类数据，详细描述了数据属性及其相互关系，对实现系统数据规范化、直观化、便捷查询和共享具有重要意义。字典主要包括四大部分内容：编写说明、数据表、空间和属性数据以及数据索引。数据表部分包含从管理服务到样品采集、制备、质控、检测及数据统计分析与评估等功能模块所涉及的数据表编码规则、数据表标识码、数据表编码与描述；空间和属性数据部分包含从管理服务到样品采集、制备、质控、检测及数据统计分析与评估等功能模块所涉及的空间和属性数据编码规则、空间和属性数据标识码、空间和属性数据编码与描述；数据索引部分包含数据表索引、空间和属性数据索引。

本字典在编写过程中，得到了农业农村部科教司、农业农村部农业生态与资源保护总站的大力支持，各省农业环保站特别是江苏省耕地质量与农业环境保护站及其下属单位等用户给予了若干实际应用意见和建议，在此，表示衷心的感谢！

由于土壤环境质量例行监测涉及面广，且信息管理的标准化、系统化尚处于起步阶段，编写过程中难免存在不足和疏漏，敬请广大读者批评指正，以便我们在今后的工作中进一步完善。

编　者

2018年9月

目　录

前言

编 写 说 明

定义

《农产品产地土壤环境质量例行监测信息管理系统数据字典》是按照一定顺序排列，对系统中所涉及的数据的代码、名称、释义、来源、量纲、取值范围等进行描述，作出详细说明的信息集合。

内容

本数据字典专门为《农产品产地土壤环境质量例行监测信息管理系统》编写，分别对系统各功能模块所涉及的空间数据和属性数据的编码及描述进行了规范。数据表定义每一个数据表包含的属性数据及其相关的图层，建立空间数据与属性数据的关系。数据项的描述主要包含以下内容：

数据项	描　述
字段代码	数据项在数据库中的代码
字段名称	数据项的中文名称
英文名称	数据项的英文名称
释　　义	对数据简洁、准确的解释
数据类型	数据存在形式
数据来源	提供原始数据的单位
量　　纲	数据所用计量单位
数据长度	计算机中数据存储的空间，用字节（byte）表示
小 数 位	数据的小数位数
取值范围	数据取值合理的上下限
备　　注	其他需要说明的内容

适用范围

本数据字典规范了农产品产地土壤环境质量例行监测信息管理系统所涉及的数据编码及描述，是农产品产地土壤环境质量例行监测信息管理系统数据持久化的说明性文件，为农产品产地土壤环境质量例行监测信息管理系统开发者、数据监管人和用户提供了一个统一的数据规范。

编写原则

1. 科学性原则：数据描述符合相关学科的定义和规范；

2. 便利性原则：为便于用户理解与应用，数据字典按系统的功能要素分别描述。根据要素索引，用户可以方便地查询需要的信息。

编写依据

本数据字典以《农用地土壤环境质量例行监测点位布设技术规定》、《农用地土壤环境质量例行监测样品采集、流转及制备技术规定》、《农用地土壤环境质量例行监测样品入库保存技术规定》、《农用地土壤环境质量例行监测全程质量控制技术规定》、《农用地土壤环境质量例行监测承检机构内部质量控制技术规定》、《农用地土壤环境质量例行监测数据入库及审核技术规定》、《农用地土壤环境质量例行监测环境质量评价技术规定》、《农用地土壤环境质量例行监测数据统计及制图技术规定》等相关要求为依据，对全国农产品产地土壤环境质量例行监测中规定的要素和登记表以及字段的内容进行了系统的编码和详细的描述，是理解和贯彻农产品产地土壤环境质量例行监测工作要求必不可少的辅助工具书，更是建立农产品产地土壤环境质量例行监测信息管理系统的基础。

作用

1. 实现数据标准化，有助于数据库和系统程序设计。数据字典是数据库开发者、数据库管理人员和用户之间的共同约定，用于规范数据库和系统之间的关系，帮助开发者建立数据模型，为规范化设计和数据管理提供基础。

2. 实现数据直观化。基于数据字典，用户能够直观地了解数据的来源、使用方法及其意义，有助于用户快速找到所需信息。

3. 建立起与系统相关的多方人员的沟通渠道。通过数据字典，系统分析员、程序员、数据监管人员以及最终用户之间建立了一套共同的语言，使各方面人员能够准确理解数据。

4. 实现数据共享。建立数据字典，可以使自身系统或者第三方系统平台有效利用、分析和挖掘数据，提高数据价值。

5. 为农产品产地土壤环境质量例行监测数据的存储、应用、更新等提供支持。

引用标准

下列标准和技术规定所包含的内容，通过本数据字典的引用而构成本数据字典的组成部分。本数据字典引用的标准包含的内容，凡是不注日期的标准，其最新版本适用于本数据字典。

GB/T 2260 《中华人民共和国行政区划代码》

GB/T 21010 《土地利用现状分类》

GB/T 17296 《中国土壤分类与代码》

GB 3100 《国际单位制及其应用》

GB/T 13923 《基础地理信息要素分类与代码》

GB/T 10113 《分类与编码通用术语》

GB/T 16831 《地理点位置的纬度、经度和高程表示方法》

GB 22021 《国家大地测量基本技术规定》

GB 21139 《基础地理信息标准数据基本规定》

GB/T 17798 《地理空间数据交换格式》

农业农村部《农用地土壤环境质量例行监测点位布设技术规定》

农业农村部《农用地土壤环境质量例行监测样品采集、流转及制备技术规定》

农业农村部《农用地土壤环境质量例行监测承检机构内部质量控制技术规定》

农业农村部《农用地土壤环境质量例行监测数据入库及审核技术规定》

农业农村部《农用地土壤环境质量例行监测环境质量评价技术规定》

农业农村部《农用地土壤环境质量例行监测数据统计及制图技术规定》

农业农村部《农用地土壤环境质量例行监测样品入库保存技术规定》

农业农村部《农用地土壤环境质量例行监测全程质量控制技术规定》

术语

1. 现象 phenomenon

农产品产地土壤环境质量例行监测信息管理系统所描述的事实或存在。

2. 实体 entity

农产品产地土壤环境质量例行监测信息管理系统所描述的一种真实现象。

3. 要素 factor

具有共同特征和关系的一组现象。

4. 元数据 metadata

关于数据的内容、质量、状况和其他特性的描述性数据。

5. 类 category

具有某种共同属性（或特征）的事物（或概念）的集合。

6. 分类 classification

按照选定的属性（或特征）区分分类对象，将具有某种共同属性（或特征）的分类对象集合在一起的过程。

7. 线分类法 method of linear classification

将分类对象按选定的若干属性（或特征），逐次地分为若干层级，每个层级又分为若干类目。同一分支的同层级类目之间构成并列关系，不同层级类目之间构成隶属关系。

8. 属性 attribute

一个实体或目标的数量或质量特征。

9. 矢量数据 vector data

以 x，y，z 坐标或坐标串表示的空间点、线、面、体等图形数据及与其相联系的有关属性数据的总称。

10. 拓朴 topology

对相连或相邻的点、线、面、体之间关系的科学阐述。特指那种在连续映射变换下保持不变的对象性质。

11. 拓朴关系 topologic relationship

描述两个要素之间和点集拓朴的要素关系。

12. 代码 code

表示特定事物（或概念）的一个或一组字符。

13. 编码 coding

将信息分类的结果用一种易于被计算机和人识别的符号体系表示出来的过程，是人们统一认识、相互交换信息的一种技术手段。编码的直接产物是代码。

14. 标识码 identification code

在要素分类的基础上，用以对某一类数据中某个实体进行唯一标识的代码。

15. 层次码 layer code

以编码对象的从属层次关系为排列顺序组成的代码。

16. 类码 category code

对具有某种共同属性（或特征）的数据进行标识的代码

17. 顺序码 sequential code

由阿拉伯数字的先后顺序来标识编码对象的代码。

数据表

1.1 数据表编码规则

根据分类编码通用原则，将数据表分为六组，每组分为若干小类。分类代码采用七位层次码，其结构如下：

T_	××	×	××
表	标	类	顺
代	识		序
码	码	码	码

其中：

（1）组用 2 位字母标识码表示。

（2）类码用 1 位数字顺序排列。

（3）顺序码用 2 位数字顺序表示。

（4）表代码与标识码、类码、顺序码之间通过下划线连接。

1.2 数据表标识码

功能要素名称	英文名称	标识码
管理	Management	MA
采集	Collection	CO
制备	Preparation	PR
质控	Quality control	QC
检测	Detection	DE
统计分析	Statistical analysis	SA

1.3 数据表编码与描述

1.3.1 管理功能模块

1.3.1.1 用户表

数据表代码：T _ MA101

数据表名称：用户表

英 文 名 称：User table

包 含 字 段：MA10101、MA10102、MA10103、MA10104、MA10105、MA10106、MA10107、MA10108、MA10109、MA10110、MA10111、MA10112

1.3.1.2 行政区划表

数据表代码：T _ MA102

数据表名称：行政区划表

英 文 名 称：Administrative division table

关 联 图 层：AD101、AD201、AD202、AD203

包 含 字 段：MA10201、MA10202、MA10203、MA10204、MA10205、MA10206、MA10207、MA10208、MA10209、MA10210、MA10211、MA10212、MA10213、MA10214、MA10215、MA10216

1.3.1.3 单位表

数据表代码：T _ MA103

数据表名称：单位表

英 文 名 称：Unit table

包 含 字 段：MA10105、MA10106、MA10301、MA10302、MA10303

1.3.1.4 样品任务表

数据表代码：T _ MA104

数据表名称：样品任务表

英 文 名 称：Sample task table

关 联 图 层：AD101、AD201、AD202、AD203、LU101、SB101

包 含 字 段：MA10401、MA10402、MA10403、MA10404、MA10405、MA10406、MA10407、MA10408、MA10409、MA10410、MA10411、MA10412、MA10413、MA10414、MA10415、MA10416、MA10417、MA10418、MA10419、MA10420、MA10421、MA10422、MA10423、MA10424、MA10425

1.3.2 采集功能模块

1.3.2.1 采集信息登记表

数据表代码：T _ CO201

数据表名称：采集信息登记表

英 文 名 称：Registry table of the collected samples

关 联 图 层：AD101、AD201、AD202、AD203、LU101、SE202

包 含 字 段：CO20101、CO20102、MA10105、MA10405、MA10406、CO20103、CO20104、CO20105、CO20106、CO20107、CO20108、CO20109、CO20110、CO20111、CO20112、CO20113、CO20114、CO20115、CO20116、CO20117、CO20118、CO20119、CO20120、CO20121、CO20122、CO20123、CO20124、CO20125、CO20126、CO20127、CO20128、CO20129、CO20130、CO20131、CO20132、CO20133、CO20134、CO20135、CO20136、CO20137、CO20138、CO20139、CO20140、CO20141、CO20142、CO20143、CO20144、CO20145、CO20146、CO20147、CO20148、CO20149、

CO20150、CO20151、CO20152、CO20153、CO20154、CO20155、CO20156、CO20157、CO20158、CO20159、CO20160、CO20161、CO20162、CO20163、CO20164、CO20165、CO20166、CO20167

1.3.2.2 采样点位登记表

数据表代码：T_CO202

数据表名称：采样点位登记表

英 文 名 称：Registry table of the sampling point

关 联 图 层：AD101、AD201、AD202、AD203、SE202

包 含 字 段：CO20102、CO20201、CO20202、MA10405、MA10406、CO20203、CO20204、CO20205

1.3.2.3 采集样品进度表

数据表代码：T_CO203

数据表名称：采集样品进度表

英 文 名 称：Schedule table of the collected samples

关 联 图 层：AD101、AD201、AD202、AD203、SE202

包 含 字 段：MA10105、MA10301、CO20102、CO20159、CO20160、CO20301、CO20302、CO20303、CO20304、CO20305、CO20306、CO20307、CO20308

1.3.2.4 自然环境状况调查表

数据表代码：T_CO204

数据表名称：自然环境状况调查表

英 文 名 称：Natural environmental condition questionnaire

关 联 图 层：AD101、AD201、AD202、AD203、GE101、GE102、GE103、GE105、GE106、GE201、GE202

包 含 字 段：CO20401、CO20402、CO20403、CO20404、CO20405、CO20406、CO20407、CO20408、

CO20409、CO20410、CO20411、CO20412、
CO20413、CO20414、CO20415、CO20416、
CO20417、CO20418、CO20419、CO20420、
CO20421、CO20422、CO20423、CO20424、
CO20425、CO20426、CO20427、CO20428、
CO20429、CO20430、CO20431、CO20432、
CO20433、CO20434、CO20435、CO20436、
CO20437、CO20438、CO20439、CO20440、
CO20441、CO20442、CO20443、CO20444、
CO20445

1.3.2.5 社会经济状况调查表

数据表代码：T_CO205
数据表名称：社会经济状况调查表
英文名称：Social and economic status questionnaire
包含字段：CO20501、CO20502、CO20503、CO20504、
CO20505、CO20506、CO20507、CO20508、
CO20509、CO20510、CO20511、CO20512

1.3.2.6 农业生产土地利用状况调查表

数据表代码：T_CO206
数据表名称：农业生产土地利用状况调查表
英文名称：Agricultural production land use status questionnaire
关联图层：AD101、AD201、AD202、AD203、LU101、
LU201、LU202、SB102、SB103、SE202、
SE203
包含字段：CO20120、CO20121、CO20122、CO20123、
CO20124、CO20601、CO20602、CO20603、
CO20604、CO20605、CO20606、CO20607、
CO20608、CO20609、CO20610、CO20611、
CO20612、CO20613、CO20614、CO20615、
CO20616、CO20617、CO20618、CO20619、

CO20620、CO20621、CO20622

1.3.2.7 区域污染状况调查表

数据表代码：T _ CO207

数据表名称：区域污染状况调查表

英 文 名 称：Regional pollution status questionnaire

关 联 图 层：AD101、AD201、AD202、AD203、LM101、LM102、LM103、SE201

包 含 字 段：CO20701、CO20702、CO20703、CO20704、CO20705、CO20706、CO20707、CO20708、CO20709、CO207010、CO20711、CO20712、CO20713、CO20714、CO20715、CO20716、CO20717、CO20718、CO20719、CO20720、CO20721、CO20722、CO20723、CO20724、CO20725、CO20726、CO20727、CO20728、CO20729、CO20730、CO20731、CO20732、CO20733、CO20734、CO20735、CO20736、CO20737、CO20738、CO20739、CO20740、CO20741、CO20742、CO20743、CO20744、CO20745、CO20746、CO20747、CO20748

1.3.2.8 土壤类型统计表

数据表代码：T _ CO208

数据表名称：土壤类型统计表

英 文 名 称：Soil type statistics table

关 联 图 层：SB101

包 含 字 段：CO20801、CO20802、CO20803、CO20804、CO20805、CO20806、CO20807、CO20808、MA10421、MA10422、CO20809、CO20810、CO20811、CO20812、CO20813、CO20814、CO20815、CO20816、CO20817、CO20818、CO20819、CO20820、CO20821、CO20822、

CO20823、CO20824、CO20825、CO20826

1.3.3 制备功能模块

1.3.3.1 制备样品登记表

数据表代码：T _ PR301

数据表名称：制备样品登记表

英 文 名 称：Registry table of the prepared samples

关 联 图 层：AD101、AD201、AD202、AD203、SE202

包 含 字 段：MA10105、MA10301、MA10403、CO20102、CO20103、CO20201、PR30101、PR30102、PR30103

1.3.3.2 制备样品进度表

数据表代码：T _ PR302

数据表名称：制备样品进度表

英 文 名 称：Schedule table of the prepared samples

关 联 图 层：AD101、AD201、AD202、AD203、SE202

包 含 字 段：MA10105、MA10301、CO20102、PR30201、PR30202、PR30203、PR30204、PR30205、PR30206、PR30207、PR30208

1.3.4 质控功能模块

1.3.4.1 质控样品登记表

数据表代码：T _ QC401

数据表名称：质控样品登记表

英 文 名 称：Registry table of quality control samples

关 联 图 层：AD101、AD201、AD202、AD203、SE202

包 含 字 段：MA10105、MA10301、MA10403、CO20102、CO20103、CO20201、QC40101、QC40102、QC40103、QC40104、QC40105

1.3.4.2 批次表

数据表代码：T _ QC402

数据表名称：批次表

英 文 名 称：Batch table

关 联 图 层：AD101、AD201、AD202、AD203、SE202

包 含 字 段：MA10105、QC40201、QC40202、QC40203、QC40204、QC40205、QC40206、QC40207、QC40208、QC40209、QC40210、QC40211、QC40212、QC40213、QC40214、QC40215、QC40216、QC40217、QC40218、QC40219、QC40220、QC40221、QC40222、QC40223

1.3.4.3 平行密码样品表

数据表代码：T _ QC403

数据表名称：平行密码样品表

英 文 名 称：Registry table of parallel samples

关 联 图 层：AD101、AD201、AD202、AD203、SE202

包 含 字 段：CO20106、QC40301、QC40302、QC40303、QC40304、QC40305、QC40306、QC40307、QC40308、QC40309、QC40310、QC40311、QC40312、QC40313、QC40314、QC40315、QC40316、QC40317、QC40318、QC40319、QC40320、QC40321、QC40322、QC40323、QC40324、QC40325、QC40326、QC40327、QC40328、QC40329、QC40330、QC40331、QC40332、QC40333、QC40334、QC40335、QC40336、QC40337、QC40338

1.3.4.4 定值监控样品表

数据表代码：T _ QC404

数据表名称：定值监控样品表

英 文 名 称：Registry table of value monitoring samples

关 联 图 层：AD101、AD201、AD202、AD203、SE202

包 含 字 段：CO20106、QC40401、QC40402、QC40403、QC40404、QC40405、QC40406、QC40407、QC40408、QC40409、QC40410、QC40411、QC40412、QC40413、QC40414、QC40415、QC40416、QC40417、QC40418、QC40419、QC40420、QC40421、QC40422、QC40423、QC40424、QC40425、QC40426、QC40427、QC40428、QC40429、QC40430、QC40431、QC40432、QC40433

1.3.5 检测功能模块

1.3.5.1 检测样品登记表

数据表代码：T _ DE501

数据表名称：检测样品登记表

英 文 名 称：Registry table of test samples

关 联 图 层：AD101、AD201、AD202、AD203、SE202

包 含 字 段：MA10105、MA10301、MA10403、CO20102、CO20103、CO20201、DE50101、DE50102、QC40204、DE50103、QC40205、DE50104、QC40206、DE50105、DE50106、DE50107、DE50108、DE50109、DE50110、DE50111、QC40207、DE50112、QC40208、DE50113、QC40209、DE50114、QC40210、DE50115、QC40211、DE50116、QC40212、DE50117、QC40213、DE50118、QC40214、DE50119、QC40215、DE50120、QC40216、DE50121、QC40217、DE50122、QC40218、DE50123、QC40219、DE50124、QC40220、DE50125、QC40221、DE50126、QC40222、DE50127、

DE50128、DE50129

1.3.5.2 检测数据审核表

数据表代码：T _ DE502
数据表名称：检测数据审核表
英 文 名 称：Review table of monitoring data
关 联 图 层：AD101、AD201、AD202、AD203、SE202
包 含 字 段：MA10105、MA10301、DE50101、DE50201、DE50202、DE50203、DE50204、DE50205、DE50206

1.3.5.3 检测样品进度表

数据表代码：T _ DE503
数据表名称：检测样品进度表
英 文 名 称：Schedule table of test samples
关 联 图 层：AD101、AD201、AD202、AD203、SE202
包 含 字 段：MA10105、MA10301、CO20102、DE50301、DE50302、DE50303、DE50304、DE50305、DE50306、DE50307、DE50308

1.3.6 数据统计分析与评估功能模块

1.3.6.1 农产品产地土壤环境质量例行监测区域土壤 pH 统计表

数据表代码：T _ SA601
数据表名称：农产品产地土壤环境质量例行监测区域土壤 pH 统计表
英 文 名 称：Soil pH value statistical table for routine monitoring of soil environmental quality in agricultural products producing areas
关 联 图 层：AD101、AD201、AD202、AD203、SE202、SE204
包 含 字 段：MA10105、CO20102、SA60101、SA60102、SA60103、SA60104、SA60105、SA60106、

SA60107、SA60108、SA60109

1.3.6.2 农产品产地土壤环境质量例行监测区域土壤CEC统计表

数据表代码：T _ SA602

数据表名称：农产品产地土壤环境质量例行监测区域土壤CEC统计表

英 文 名 称：Soil CEC statistical table for routine monitoring of soil environmental quality in agricultural products producing areas

关 联 图 层：AD101、AD201、AD202、AD203、SE202、SE205

包 含 字 段：MA10105、CO20102、SA60201、SA60202、SA60203、SA60204、SA60205、SA60206、SA60207、SA60208、SA60209

1.3.6.3 农产品产地土壤环境质量例行监测区域土壤有机质含量统计表

数据表代码：T _ SA603

数据表名称：农产品产地土壤环境质量例行监测区域土壤有机质含量统计表

英 文 名 称：Soil organic matter statistical table for routine monitoring of soil environmental quality in agricultural products producing areas

关 联 图 层：AD101、AD201、AD202、AD203、SE202、SE206

包 含 字 段：MA10105、CO20102、SA60301、SA60302、SA60303、SA60304、SA60305、SA60306、SA60307、SA60308、SA60309

1.3.6.4 农产品产地土壤环境质量例行监测区域土壤镉含量统计表

数据表代码：T _ SA604

数据表名称：农产品产地土壤环境质量例行监测区域土壤镉含

量统计表

英 文 名 称：Soil Cd content statistical table for routine monitoring of soil environmental quality in agricultural products producing areas

关 联 图 层：AD101、AD201、AD202、AD203、SE202、SE207

包 含 字 段：MA10105、CO20102、SA60401、SA60402、SA60403、SA60404、SA60405、SA60406、SA60407、SA60408、SA60409

1.3.6.5 农产品产地土壤环境质量例行监测区域土壤汞含量统计表

数据表代码：T _ SA605

数据表名称：农产品产地土壤环境质量例行监测区域土壤汞含量统计表

英 文 名 称：Soil Hg content statistical table for routine monitoring of soil environmental quality in agricultural products producing areas

关 联 图 层：AD101、AD201、AD202、AD203、SE202、SE208

包 含 字 段：MA10105、CO20102、SA60501、SA60502、SA60503、SA60504、SA60505、SA60506、SA60507、SA60508、SA60509

1.3.6.6 农产品产地土壤环境质量例行监测区域土壤砷含量统计表

数据表代码：T _ SA606

数据表名称：农产品产地土壤环境质量例行监测区域土壤砷含量统计表

英 文 名 称：Soil As content statistical table for routine monitoring of soil environmental quality in agricultural products producing areas

关联图层：AD101、AD201、AD202、AD203、SE202、SE209

包含字段：MA10105、CO20102、SA60601、SA60602、SA60603、SA60604、SA60605、SA60606、SA60607、SA60608、SA60609

1.3.6.7 农产品产地土壤环境质量例行监测区域土壤铅含量统计表

数据表代码：T _ SA607

数据表名称：农产品产地土壤环境质量例行监测区域土壤铅含量统计表

英文名称：Soil Pb content statistical table for routine monitoring of soil environmental quality in agricultural products producing areas

关联图层：AD101、AD201、AD202、AD203、SE202、SE210

包含字段：MA10105、CO20102、SA60701、SA60702、SA60703、SA60704、SA60705、SA60706、SA60707、SA60708、SA60709

1.3.6.8 农产品产地土壤环境质量例行监测区域土壤铬含量统计表

数据表代码：T _ SA608

数据表名称：农产品产地土壤环境质量例行监测区域铬含量统计表

英文名称：Soil Cr content statistical table for routine monitoring of soil environmental quality in agricultural products producing areas

关联图层：AD101、AD201、AD202、AD203、SE202、SE211

包含字段：MA10105、CO20102、SA60801、SA60802、SA60803、SA60804、SA60805、SA60806、

SA60807、SA60808、SA60809

1.3.6.9 农产品产地土壤环境质量例行监测区域土壤铜含量统计表

数据表代码：T _ SA609

数据表名称：农产品产地土壤环境质量例行监测区域土壤铜含量统计表

英 文 名 称：Soil Cu content statistical table for routine monitoring of soil environmental quality in agricultural products producing areas

关 联 图 层：AD101、AD201、AD202、AD203、SE202、SE212

包 含 字 段：MA10105、CO20102、SA60901、SA60902、SA60903、SA60904、SA60905、SA60906、SA60907、SA60908、SA60909

1.3.6.10 农产品产地土壤环境质量例行监测区域土壤锌含量统计表

数据表代码：T _ SA610

数据表名称：农产品产地土壤环境质量例行监测区域土壤锌含量统计表

英 文 名 称：Soil Zn content statistical table for routine monitoring of soil environmental quality in agricultural products producing areas

关 联 图 层：AD101、AD201、AD202、AD203、SE202、SE213

包 含 字 段：MA10105、CO20102、SA61001、SA61002、SA61003、SA61004、SA61005、SA61006、SA61007、SA61008、SA61009

1.3.6.11 农产品产地土壤环境质量例行监测区域土壤镍含量统计表

数据表代码：T _ SA611

数据表名称：农产品产地土壤环境质量例行监测区域土壤镍含

量统计表

英文名称：Soil Ni content statistical table for routine monitoring of soil environmental quality in agricultural products producing areas

关联图层：AD101、AD201、AD202、AD203、SE202、SE214

包含字段：MA10105、CO20102、SA61101、SA61102、SA61103、SA61104、SA61105、SA61106、SA61107、SA61108、SA61109

1.3.6.12 农产品产地土壤环境质量例行监测区域土壤镉点位安全评估结果表

数据表代码：T_SA612

数据表名称：农产品产地土壤环境质量例行监测区域土壤镉点位安全评估结果表

英文名称：Soil Cd points assessment result table of routine monitoring of soil environmental quality in agricultural products producing areas

关联图层：AD101、AD201、AD202、AD203、SE202、SE207、SE224、SE232、SE241、SE249

包含字段：MA10105、CO20102、DE50111、SA61201、SA61202

1.3.6.13 农产品产地土壤环境质量例行监测区域土壤汞点位安全评估结果表

数据表代码：T_SA613

数据表名称：农产品产地土壤环境质量例行监测区域土壤汞点位安全评估结果表

英文名称：Soil Hg points assessment result table of routine monitoring of soil environmental quality in agricultural products producing areas

关联图层：AD101、AD201、AD202、AD203、SE202、

SE208、SE225、SE233、SE242、SE250

包 含 字 段：MA10105、CO20102、DE50112、SA61301、SA61302

1.3.6.14 农产品产地土壤环境质量例行监测区域土壤砷点位安全评估结果表

数据表代码：T_SA614

数据表名称：农产品产地土壤环境质量例行监测区域土壤砷点位安全评估结果表

英 文 名 称：Soil As points assessment result table of routine monitoring of soil environmental quality in agricultural products producing areas

关 联 图 层：AD101、AD201、AD202、AD203、SE202、SE209、SE226、SE234、SE243、SE251

包 含 字 段：MA10105、CO20102、DE50113、SA61401、SA61402

1.3.6.15 农产品产地土壤环境质量例行监测区域土壤铅点位安全评估结果表

数据表代码：T_SA615

数据表名称：农产品产地土壤环境质量例行监测区域土壤铅点位安全评估结果表

英 文 名 称：Soil Pb points assessment result table of routine monitoring of soil environmental quality in agricultural products producing areas

关 联 图 层：AD101、AD201、AD202、AD203、SE202、SE210、SE227、SE235、SE244、SE252

包 含 字 段：MA10105、CO20102、DE50114、SA61501、SA61502

1.3.6.16 农产品产地土壤环境质量例行监测区域土壤铬点位安全评估结果表

数据表代码：T_SA616

数据表名称：农产品产地土壤环境质量例行监测区域土壤铬点

位安全评估结果表

英 文 名 称：Soil Cr points assessment result table of routine monitoring of soil environmental quality in agricultural products producing areas

关 联 图 层：AD101、AD201、AD202、AD203、SE202、SE211、SE228、SE236、SE245、SE253

包 含 字 段：MA10105、CO20102、DE50115、SA61601、SA61602

1.3.6.17 农产品产地土壤环境质量例行监测区域土壤铜点位安全评估结果表

数据表代码：T _ SA617

数据表名称：农产品产地土壤环境质量例行监测区域土壤铜点位安全评估结果表

英 文 名 称：Soil Cu points assessment result table of routine monitoring of soil environmental quality in agricultural products producing areas

关 联 图 层：AD101、AD201、AD202、AD203、SE202、SE212、SE229、SE237、SE246、SE254

包 含 字 段：MA10105、CO20102、DE50116、SA61701、SA61702

1.3.6.18 农产品产地土壤环境质量例行监测区域土壤锌点位安全评估结果表

数据表代码：T _ SA618

数据表名称：农产品产地土壤环境质量例行监测区域土壤锌点位安全评估结果表

英 文 名 称：Soil Zn points assessment result table of routine monitoring of soil environmental quality in agricultural products producing areas

关 联 图 层：AD101、AD201、AD202、AD203、SE202、SE213、SE230、SE238、SE247、SE255

包 含 字 段：MA10105、CO20102、DE50117、SA61801、SA61802

1.3.6.19 农产品产地土壤环境质量例行监测区域土壤镍点位安全评估结果表

数据表代码：T _ SA619

数据表名称：农产品产地土壤环境质量例行监测区域土壤镍点位安全评估结果表

英 文 名 称：Soil Ni points assessment result table of routine monitoring of soil environmental quality in agricultural products producing areas

关 联 图 层：AD101、AD201、AD202、AD203、SE202、SE214、SE231、SE239、SE248、SE256

包 含 字 段：MA10105、CO20102、DE50118、SA61901、SA61902

1.3.6.20 耕地质量类别分类统计表

数据表代码：T _ SA620

数据表名称：耕地质量类别分类统计表

英 文 名 称：Cultivated land quality classification statistics table

关 联 图 层：AD101、AD201、AD202、AD203、SE202、SE203、SE257

包 含 字 段：MA10105、SA62001、SA62002、SA62003、SA62004

1.3.6.21 耕地质量类别分类信息统计表

数据表代码：T _ SA621

数据表名称：耕地质量类别分类信息统计表

英 文 名 称：Cultivated land quality category classification information statistical table

关 联 图 层：AD101、AD201、AD202、AD203、SE201、SE202、SE203、SE257

包 含 字 段：MA10105、SA62001、SA62002、SA62003、SA62101、SA62102、SA62103、SA62104、SA62105、SA62106、SA62107

2 属性与空间数据

2.1 编码规则

2.1.1 属性数据

2.1.1.1 属性数据编码规则

根据分类编码通用原则，将属性数据分六组，并依次分为大类码、小类码、顺序码。分类代码由七位层次码组成，其结构如下：

××	×	××	××
标识码	大类码	小类码	顺序码

其中：

（1）组用2位字母标识码表示。

（2）大类码用1位数字顺序排列。

（3）小类码和顺序码分别用2位数字顺序表示。

2.1.1.2 属性数据标识码

功能要素名称	英文名称	标识码
管理	Management	MA
采集	Collection	CO
制备	Preparation	PR
质控	Quality control	QC
检测	Detection	DE
统计分析	Statistical analysis	SA

2.1.2 空间数据

2.1.2.1 空间数据编码规则

根据分类编码通用原则，将空间数据分六组，并依次分为类码、顺序码。分类代码由五位层次码组成，其结构如下：

××	×	××
标识码	类码	顺序码

其中：

（1）组用 2 位字母标识码表示。

（2）类码用 1 位数字顺序排列。

（3）顺序码用 2 位数字顺序表示。

2.1.2.2 空间数据标识码

要素名称	英文名称	标识码
政区	Administrative district	AD
基础地理数据	Geography	GE
农田管理	Land management	LM
土地利用	Land use	LU
土壤基础数据	Soil basic information	SB
土壤环境数据	Soil environment	SE

2.2 属性与空间数据编码与描述

2.2.1 管理功能模块

2.2.1.1 用户表

2.2.1.1.1 用户名

字段代码：MA10101

字段名称：用户名
英 文 名 称：Username
释　　义：用户的名称
数据类型：文本
数据长度：255

2.2.1.1.2 密码

字段代码：MA10102
字段名称：密码
英文名称：Password
释　　义：登录账号的密码
数据类型：数值
数据长度：6
小 数 位：0
极 大 值：999 999
极 小 值：0

2.2.1.1.3 姓名

字段代码：MA10103
字段名称：姓名
英文名称：Name
释　　义：用户的真实姓名
数据类型：文本
数据长度：255

2.2.1.1.4 备注

字段代码：MA10104
字段名称：备注
英文名称：Remark
释　　义：对用户信息的补充，重要情况的说明等
数据类型：文本
数据长度：255

2.2.1.1.5 行政区划编码

字段代码：MA10105

字段名称：行政区划编码

英文名称：Administrative division code

释　　义：行政区划编码（到县级代码）

数据类型：文本

数据长度：255

备　　注：数据来自国家统计局数据库，行政区划编码是根据国家统计局发布的《统计用区划代码和城乡划分代码编制规则》编制，规定统计用区划代码和城乡划分代码分为两段 17 位，这里节选统计用区划代码使用，由 1～6 代码构成，其各代码表示为：第1～2 位，为省级代码；第 3～4 位，为地级代码；第 5～6 位，为县级代码。

2.2.1.1.6 单位名称

字段代码：MA10106

字段名称：单位名称

英文名称：Unit name

释　　义：用户的所属单位名称

数据类型：文本

数据长度：255

2.2.1.1.7 电子邮箱

字段代码：MA10107

字段名称：电子邮箱

英文名称：E-mail

释　　义：用户的电子邮箱

数据类型：文本

数据长度：255

2.2.1.1.8 是否激活

字段代码：MA10108

字段名称：是否激活
英文名称：Whether activate the account
释　　义：用户当前账号是否激活使用
数据类型：文本
数据长度：255
备　　注：用“是”、“否”表示

2.2.1.1.9 审核人

字段代码：MA10109
字段名称：审核人
英文名称：Reviewer
释　　义：审核用户账号申请的省市名称
数据类型：文本
数据长度：255

2.2.1.1.10 审核时间

字段代码：MA10110
字段名称：审核时间
英文名称：Review time
释　　义：审核用户账号申请的时间
数据类型：时间
数据长度：20
备　　注：表达格式：yyyy-mm-dd hh：mi：ss

2.2.1.1.11 记录人

字段代码：MA10111
字段名称：记录人
英文名称：Recorder
释　　义：用户表内数据记录人名称
数据类型：文本
数据长度：255

2.2.1.1.12 记录时间

字段代码：MA10112
字段名称：记录时间

英文名称：Record time
释　　义：用户表内数据的记录时间
数据类型：时间
数据长度：20
备　　注：表示格式：yyyy-mm-dd hh：mi：ss

2.2.1.2 行政区划表

2.2.1.2.1 行政区划编码

字段代码：MA10201
字段名称：行政区划编码
英文名称：Administrative division code
释　　义：行政区划编码（到村级代码）
数据类型：文本
数据长度：12
备　　注：数据来自国家统计局数据库，行政区划编码是根据国家统计局发布的《统计用区划代码和城乡划分代码编制规则》编制，规定统计用区划代码和城乡划分代码分为两段17位，这里节选统计用区划代码使用，由1～12代码构成，其各代码表示为：第1～2位，为省级代码；第3～4位，为地级代码；第5～6位，为县级代码；第7～9位，为乡级代码；第10～12位，为村级代码。这里的编码必须保证是12位，不足位数补0。

2.2.1.2.2 行政区划父类编码

字段代码：MA10202
字段名称：行政区划父类编码
英文名称：Administrative division parent code
释　　义：行政区划父类编码
数据类型：文本
数据长度：12
备　　注：行政区划编码的数据结构是一种树结构，省级编码为根节点，市县乡村四级依次为上一节点的子节点，这个属性用于记录档条数据对应地区的父类节点的行政区划编码。

2.2.1.2.3 行政区划短编码

字段代码：MA10203
字段名称：行政区划短编码
英文名称：Administrative division short code
释　　义：行政区划短编码
数据类型：文本
数据长度：12
备　　注：根据行政区划等级截取行政区划编码前几位，省级编码2位，市级编码4位，县级编码6位，乡级编码9位，村级编码12位。

2.2.1.2.4 行政区划父类短编码

字段代码：MA10204
字段名称：行政区划父类短编码
英文名称：Administrative division parent short code
释　　义：行政区划父类短编码
数据类型：文本
数据长度：12
备　　注：行政区划编码的数据结构是一种树结构，省级编码为根节点，市县乡村四级依次为上一节点的子节点，这个属性用于记录档条数据对应地区的父类节点的行政区划编短码。

2.2.1.2.5 行政区划名称

字段代码：MA10205
字段名称：行政区划名称
英文名称：Administrative division name
释　　义：行政区划名称
数据类型：文本

数据长度：255

备　　注：行政区划编码标识地点的名称

2.2.1.2.6　行政区划级别

字段代码：MA10206

字段名称：行政区划级别

英文名称：Administrative division grade

释　　义：行政区划级别

数据类型：数值

数据长度：1

小 数 位：0

极 大 值：5

极 小 值：1

备　　注：行政区划等级，依据省市县乡村分为1～5级

2.2.1.2.7　省名称

字段代码：MA10207

字段名称：省名称

英文名称：Province name

释　　义：省、自治区、直辖市名称

数据类型：文本

数据长度：255

2.2.1.2.8　市名称

字段代码：MA10208

字段名称：市名称

英文名称：City name

释　　义：地区（市、州、盟）名称

数据类型：文本

数据长度：255

2.2.1.2.9　县名称

字段代码：MA10209

字段名称：县名称

英文名称：County name
释　　义：县（区、市、旗）
数据类型：文本
数据长度：255

2.2.1.2.10　乡（镇、街道）名称

字段代码：MA10210
字段名称：乡（镇、街道）名称
英文名称：Town name
释　　义：乡名
数据类型：文本
数据长度：255

2.2.1.2.11　村（屯）名称

字段代码：MA10211
字段名称：村（屯）名称
英文名称：Village name
释　　义：村（屯）名
数据类型：文本
数据长度：255

2.2.1.2.12　行政区划全称

字段代码：MA10212
字段名称：行政区划全称
英文名称：Administrative division full name
释　　义：行政区划全称
数据类型：文本
数据长度：255
备　　注：包含省市县乡村名称

2.2.1.2.13　城乡划分代码

字段代码：MA10213
字段名称：行政区划目录
英文名称：Urban and rural division code

释　　义：城乡划分代码
数据类型：文本
数据长度：255
备　　注：城乡分类代码由第15～17位代码组成。第15位为“1”，表示城镇；第15位为“2”，表示乡村。具体编码为：111表示：主城区；112表示：城乡结合区；121表示：镇中心区；122表示：镇乡结合区；123表示：特殊区域；210表示：乡中心区；220表示：村庄。

2.2.1.2.14　县以上行政区划代码

字段代码：MA10214
字段名称：县以上行政区划代码
英文名称：Administrative district code（county and above）
释　　义：县及县以上行政区划代码
数据类型：数值
数据长度：6
小 数 位：0
极 大 值：820000
极 小 值：110000

2.2.1.2.15　乡镇行政区划代码

字段代码：MA10215
字段名称：乡镇行政区划代码
英文名称：Administrative district code of township
释　　义：乡镇的行政区划代码
数据类型：数值
数据长度：6
小 数 位：0
极 大 值：999 000
极 小 值：101 000

2.2.1.2.16　县内行政区划代码

字段代码：MA10216

字段名称：县内行政区划代码

英文名称：Administrative district code (in county)

释　　义：县内行政区划代码

数据类型：数值

数据长度：6

小 数 位：0

极 小 值：0

极 大 值：599399

备　　注：根据国家统计局“统计上使用的县以下行政区划代码编制规则”编制。第一位数字为类别标识，即“0”表示街道办事处，“1”表示镇，“2、3”表示乡，“4、5”表示政企合一单位（如农、林、牧、场等）；第二、三位数字表示该乡、镇在相应类别中的顺序号；第四、五、六位数字表示村、居民委员会，居民委员会的代码从001～199由小到大顺序编写；村民委员会的代码从200～399由小到大顺序编写

2.2.1.3　单位表

2.2.1.3.1　行政区划编码

字段代码：MA10105

字段名称：行政区划编码

英文名称：Administrative division code

释　　义：行政区划编码（到县级代码）

数据类型：文本

数据长度：255

备　　注：数据来自国家统计局数据库，行政区划编码是根据国家统计局发布的《统计用区划代码和城乡划分代码编制规则》编制，规定统计用区划代码和城乡划

分代码分为两段 17 位，这里节选统计用区划代码使用，由 1～6 代码构成，其各代码表示为：第1～2 位，为省级代码；第 3～4 位，为地级代码；第 5～6 位，为县级代码

2.2.1.3.2 单位名称

字段代码：MA10106
字段名称：单位名称
英文名称：Unit name
释　　义：单位名称
数据类型：文本
数据长度：255

2.2.1.3.3 单位类型

字段代码：MA10301
字段名称：单位类型
英文名称：Unit type
释　　义：单位类型
数据类型：数值
数据长度：1
小 数 位：0
极 大 值：7
极 小 值：1
备　　注：单位类型根据 1：系统、2：省站、3：采样、4：制备、5：质控、6：检测、7：市站中选择 1 项填写

2.2.1.3.4 记录人

字段代码：MA10302
字段名称：记录人
英文名称：Recorder
释　　义：单位表内数据的记录人名称
数据类型：文本

数据长度：255

2.2.1.3.5　记录时间

字段代码：MA10303
字段名称：记录时间
英文名称：Record time
释　　义：单位表内数据的记录时间
数据类型：时间
数据长度：20
备　　注：表示格式：yyyy-mm-dd hh：mi：ss

2.2.1.4　样品任务表

2.2.1.4.1　采样人

字段代码：MA10401
字段名称：采样人
英文名称：Sampling person
释　　义：采样人用户名
数据类型：文本
数据长度：20

2.2.1.4.2　所在省市编码

字段代码：MA10402
字段名称：所在省市编码
英文名称：Administrative division code
释　　义：样品点位所在地的省市编码
数据类型：文本
数据长度：255

2.2.1.4.3　单位编码

字段代码：MA10403
字段名称：单位编码
英文名称：Unit code
释　　义：采样单位编码
数据类型：数值

数据长度：11
小 数 位：0
极 大 值：99 999 999 999
极 小 值：0

2.2.1.4.4 普查编码

字段代码：MA10404
字段名称：普查编码
英文名称：Census code
释　　义：农产品产地土壤重金属污染普查点位编码
数据类型：数值
数据长度：11
小 数 位：0
极 大 值：99 999 999 999
极 小 值：0

2.2.1.4.5 东经

字段代码：MA10405
字段名称：东经
英文名称：East longitude
释　　义：地球表面东西距离的度数。以本初子午线为零，以东为东经，以西为西经，东西各 180°
数据类型：数值
量　　纲：度
数据长度：11
小 数 位：7
极 大 值：136
极 小 值：72
备　　注：采用十进制表示。例，东经：117.223 456 1

2.2.1.4.6 北纬

字段代码：MA10406
字段名称：北纬

英文名称：North latitude

释　　义：地球表面南北距离的度数，从赤道到南北两极各分90°，通过某地的纬线与赤道相距的度数，就是这个地点的纬度

数据类型：数值

数据长度：10

小 数 位：7

极 大 值：60

极 小 值：0

备　　注：采用十进制表示。例，北纬：30.225 632 1

2.2.1.4.7 采样地点

字段代码：MA10407

字段名称：采样地点

英文名称：Sampling position

释　　义：采集样品的具体地点

数据类型：文本

数据长度：255

备　　注：准确填写该采样点位所属的乡（镇）、村（屯）、组

2.2.1.4.8 发布时间

字段代码：MA10408

字段名称：发布时间

英文名称：Time of releasing task

释　　义：采样任务发布的时间

数据类型：时间

数据长度：20

备　　注：表示格式：yyyy－mm－dd hh：mi：ss

2.2.1.4.9 发布人员

字段代码：MA10409

字段名称：发布人员

英文名称：Username of releasing task

释　　义：发布采样任务的省市名称
数据类型：文本
数据长度：255

2.2.1.4.10　修改时间

字段代码：MA10410
字段名称：修改时间
英文名称：Modified time
释　　义：修改任务的时间
数据类型：时间
数据长度：20
备　　注：表示格式：yyyy-mm-dd hh：mi：ss

2.2.1.4.11　修改人员

字段代码：MA10411
字段名称：修改人员
英文名称：Modified person
释　　义：修改任务的省市名称
数据类型：文本
数据长度：255

2.2.1.4.12　主栽作物

字段代码：MA10412
字段名称：主栽作物
英文名称：Main crop
释　　义：监测区域主要种植的农作物
数据类型：文本
数据长度：255

2.2.1.4.13　任务状态

字段代码：MA10413
字段名称：任务状态
英文名称：Task status
释　　义：任务状态

数据类型：文本
数据长度：255

2.2.1.4.14 记录人

字段代码：MA10414
字段名称：记录人
英文名称：Recorder
释　　义：样品任务表内数据的记录人名称
数据类型：文本
数据长度：255

2.2.1.4.15 记录时间

字段代码：MA10415
字段名称：记录时间
英文名称：Record time
释　　义：样品任务表内数据的记录时间
数据类型：时间
数据长度：20
备　　注：表示格式：yyyy－mm－dd hh：mi：ss

2.2.1.4.16 土壤编码

字段代码：MA10416
字段名称：土壤编码
英文名称：Soil sample code
释　　义：土壤样品的编码
数据类型：文本
数据长度：255

2.2.1.4.17 农作物编码

字段代码：MA10417
字段名称：农作物编码
英文名称：Crop sample code
释　　义：农作物样品的编码
数据类型：文本

数据长度：255

2.2.1.4.18 县名称

字段代码：MA10418
字段名称：县名称
英文名称：County name
释　　义：县（区、市、旗）
数据类型：文本
数据长度：255

2.2.1.4.19 乡（镇、街道）名称

字段代码：MA10419
字段名称：乡（镇、街道）名称
英文名称：Town name
释　　义：乡名
数据类型：文本
数据长度：255

2.2.1.4.20 村（屯）名称

字段代码：MA10420
字段名称：村（屯）名称
英文名称：Village name
释　　义：村（屯）名
数据类型：文本
数据长度：255

2.2.1.4.21 土类名称——国标

字段代码：MA10421
字段名称：土类名称
英文名称：Soil group name—GB
释　　义：土类的名称
数据类型：文本
数据长度：255
备　　注：采用国标的分类系统

2.2.1.4.22 亚类名称——国标

字段代码：MA10422

字段名称：亚类名称

英文名称：Soil subgroup name—GB

释　　义：亚类的名称

数据类型：文本

数据长度：255

备　　注：采用国标的分类系统

2.2.1.4.23 平行样

字段代码：MA10423

字段名称：平行样

英文名称：Parallel sample

释　　义：在样品的监测分析中，包括两个相同子样的样品用于质量控制

数据类型：文本

数据长度：255

2.2.1.4.24 任务类型

字段代码：MA10424

字段名称：任务类型

英文名称：Task type

释　　义：任务类型

数据类型：文本

数据长度：255

备　　注：监测点位是国控点或省控点

2.2.1.4.25 等级

字段代码：MA10425

字段名称：等级

英文名称：Grade

释　　义：耕地土壤环境质量类别划分

数据类型：文本

数据长度：255

备　　注：耕地土壤环境质量类别划分为优先保护、安全利用和严格管控三个类别

2.2.2　采集功能模块

2.2.2.1　采集信息登记表

2.2.2.1.1　采样人编号

字段代码：CO20101

字段名称：采样人编号

英文名称：Sampling person number

释　　义：采样人编号

数据类型：数值

数据长度：11

小 数 位：0

极 大 值：99 999 999 999

极 小 值：0

2.2.2.1.2　任务编码

字段代码：CO20102

字段名称：任务编码

英文名称：Task code

释　　义：采样任务编码

数据类型：数值

数据长度：11

小 数 位：0

极 大 值：99 999 999 999

极 小 值：0

2.2.2.1.3　行政区划编码

字段代码：MA10105

字段名称：行政区划编码

英文名称：Administrative division code

释　　义：行政区划编码（到县级代码）
数据类型：文本
数据长度：255
备　　注：数据来自国家统计局数据库，行政区划编码是根据国家统计局发布的《统计用区划代码和城乡划分代码编制规则》编制，规定统计用区划代码和城乡划分代码分为两段17位，这里节选统计用区划代码使用，由1～6代码构成，其各代码表示为：第1～2位，为省级代码；第3～4位，为地级代码；第5～6位，为县级代码

2.2.2.1.4　东经

字段代码：MA10405
字段名称：东经
英文名称：East longitude
释　　义：地球表面东西距离的度数。以本初子午线为零，以东为东经，以西为西经，东西各180°
数据类型：数值
量　　纲：度
数据长度：11
小 数 位：7
极 大 值：136
极 小 值：72
备　　注：采用十进制表示。例，东经：117.223 456 1

2.2.2.1.5　北纬

字段代码：MA10406
字段名称：北纬
英文名称：North latitude
释　　义：地球表面南北距离的度数，从赤道到南北两极各分90°，通过某地的纬线与赤道相距的度数，就是这个地点的纬度

数据类型：数值
数据长度：10
小 数 位：7
极 大 值：60
极 小 值：0
备　　注：采用十进制表示。例，北纬：30.225 632 1

2.2.2.1.6　二维码

字段代码：CO20103
字段名称：二维码
英文名称：QR code
释　　义：采集样品的二维码
数据类型：文本
数据长度：255

2.2.2.1.7　采样时间

字段代码：CO20104
字段名称：采样时间
英文名称：Sampling time
释　　义：采集样品的时间
数据类型：时间
数据长度：20
备　　注：表示格式：yyyy-mm-dd hh：mi：ss

2.2.2.1.8　海拔高度

字段代码：CO20105
字段名称：海拔高度
英文名称：Altitude
释　　义：平均海平面（或称“零面”）以上的垂直高度
数据类型：数值
量　　纲：m
数据长度：6
小 数 位：1

极 小 值：0
极 大 值：9 999.9
备　　注：又称“绝对高度”、“绝对高程”、“海拔”

2.2.2.1.9 样品类型

字段代码：CO20106
字段名称：样品类型
英文名称：Sample type
释　　义：采集的样品的类型
数据类型：文本
数据长度：255
备　　注：样品类型包括土壤、农产品两个类别

2.2.2.1.10 采样地点

字段代码：CO20107
字段名称：采样地点
英文名称：Sampling position
释　　义：采集样品的具体地点
数据类型：文本
数据长度：255
备　　注：采样点位所属的乡（镇）、村（屯）、组

2.2.2.1.11 所属区域类别

字段代码：CO20108
字段名称：所属区域类别
英文名称：Region type
释　　义：采样点位所属的区域类别
数据类型：文本
数据长度：255
备　　注：所属区域类别包括工矿企业周边农区、污水灌区、大中城市郊区、一般农区等四类

2.2.2.1.12 采样深度

字段代码：CO20109

字段名称：采样深度
英文名称：Sampling depth
释　　义：土壤样品采集的深度，指从地表到采集位置的距离
数据类型：数值
量　　纲：cm
数据长度：2
小 数 位：0
极 大 值：99
极 小 值：0
备　　注：按照实际采样深度填写，一般为 0～20 cm

2.2.2.1.13　土地利用方式

字段代码：CO20110
字段名称：土地利用方式
英文名称：Land use
释　　义：农产品产地采样点土地利用方法
数据类型：文本
数据长度：255
备　　注：在耕地（水田）、耕地（其他）、园地（果园茶园）、园地（其他）、林地、人工牧草地、天然草场等选项中选择一项填写

2.2.2.1.14　耕地利用现状

字段代码：CO20111
字段名称：耕地利用现状
英文名称：Paddy field or dry farm
释　　义：采样点土地利用现状为耕地时，细化到水田和旱地
数据类型：文本
数据长度：255
备　　注：在采样点土地利用现状为耕地时，在水田、旱地等两个选项中选择一项填写

2.2.2.1.15　是否基本农田

字段代码：CO20112

字段名称：是否基本农田

英文名称：Whether basic farmland

释　　义：按照《基本农田保护条例》，基本农田是指按照一定时期人口和社会经济发展对农产品的需求，依据土地利用总体规划确定的不得占用的耕地。可从地方国土资源部门确认所调查耕地是否为基本农田

数据类型：文本

数据长度：255

备　　注：用“是”、“否”表示

2.2.2.1.16　产地周边是否有工矿企业

字段代码：CO20113

字段名称：产地周边是否有工矿企业

英文名称：Whether there were industrial and mining enterprises around rice producing area

释　　义：采样区域产地周边是否有工矿企业

数据类型：文本

数据长度：255

备　　注：用“是”、“否”表示

2.2.2.1.17　产地周边是否有养殖场

字段代码：CO20114

字段名称：产地周边是否有养殖场

英文名称：Whether there were farms around rice producing area

释　　义：采样区域产地周边是否有养殖场

数据类型：文本

数据长度：255

备　　注：用“是”、“否”表示

2.2.2.1.18 种植方式

字段代码：CO20115

字段名称：种植方式

英文名称：Planting pattern

释　　义：农田上种植作物的种植方式

数据类型：文本

数据长度：255

备　　注：单作、轮作、间作、套作、混作等选项中选择一项填写

2.2.2.1.19 耕作制度

字段代码：CO20116

字段名称：耕作制度

英文名称：Crop rotation system

释　　义：在一定的年限内，在一定面积的土地上按照一定的次序，轮流种植几种不同作物的制度

数据类型：文本

数据长度：255

备　　注：在常年生、一年一熟、一年二熟、一年三熟、一年四熟、两年一熟、两年三熟、三年一熟、四年一熟等 9 项中选择 1 项填写

2.2.2.1.20 设施农业播种面积

字段代码：CO20117

字段名称：设施农业播种面积

英文名称：Facility agriculture sown area

释　　义：一个区域设施农业播种面积

数据类型：数值

量　　纲：hm^2

数据长度：10

小 数 位：2

极 大 值：9 999 999.99

极 小 值：0

2.2.2.1.21　粮食作物农业播种面积

字段代码：CO20118

字段名称：粮食作物农业播种面积

英文名称：Grain crops sown area

释　　义：一个区域粮食作物播种面积

数据类型：数值

量　　纲：hm^2

数据长度：10

小 数 位：2

极 大 值：9 999 999.99

极 小 值：0

2.2.2.1.22　经济作物种植面积

字段代码：CO20119

字段名称：经济作物种植面积

英文名称：Economic crops sown area

释　　义：一个区域经济作物播种面积

数据类型：数值

量　　纲：hm^2

数据长度：10

小 数 位：2

极 大 值：9 999 999.99

极 小 值：0

2.2.2.1.23　农作物类型名称

字段代码：CO20120

字段名称：农作物类型名称

英文名称：Crop type name

释　　义：采集的农作物类型名称

数据类型：文本

数据长度：255

备　　注：最多填写三种对应监测点位的农产品，例如：水稻、小麦等

2.2.2.1.24　农作物类型代码

字段代码：CO20121

字段名称：农作物类型代码

英文名称：Crop type code

释　　义：农作物类型代码

数据类型：文本

数据长度：255

备　　注：A：水稻、B：小麦、C：玉米、D：蔬菜、E：水果、F：茶叶、G：其他农作物等选项中选择一项填写

2.2.2.1.25　农作物品种名称

字段代码：CO20122

字段名称：农作物品种名称

英文名称：Crop variety name

释　　义：农作物品种的名称

数据类型：文本

数据长度：255

备　　注：例如：武粳15、扬麦6号等

2.2.2.1.26　农作物品种代码

字段代码：CO20123

字段名称：农作物品种代码

英文名称：Crop variety code

释　　义：农作物品种的代码

数据类型：数值

数据长度：4

小 数 位：0

极 大 值：9 999

极 小 值：101

备　　注：第1～2位表示作物类型代码，第3～4位表示作物品种代码。例如0101表示水稻品种籼优63，0102表示水稻品种协优63等

2.2.2.1.27　作物品种特征

字段代码：CO20124
字段名称：作物品种特征
英文名称：Crop variety characteristic
释　　义：农作物品种的生育特征
数据类型：文本
数据长度：255
备　　注：例如：耐肥，抗病等

2.2.2.1.28　点位代表种植面积

字段代码：CO20125
字段名称：点位代表种植面积
英文名称：Representative area as investigation site
释　　义：采样点位所代表面积的区域中种植的该农产品的面积
数据类型：数值
量　　纲：亩
数据长度：5
小 数 位：0
极 大 值：99 999
极 小 值：0

2.2.2.1.29　采样地块面积

字段代码：CO20126
字段名称：采样地块面积
英文名称：Area of sampling plot
释　　义：采样点位所属地块的实际面积
数据类型：数值
量　　纲：亩

数据长度：5

小 数 位：0

极 大 值：99 999

极 小 值：0

备　　注：面积不得小于1亩

2.2.2.1.30　产量

字段代码：CO20127

字段名称：产量

英文名称：Yield

释　　义：农作物当季亩产

数据类型：数值

量　　纲：kg

数据长度：11

小 数 位：0

极 大 值：99 999 999 999

极 小 值：0

2.2.2.1.31　是否采集

字段代码：CO20128

字段名称：是否采集

英文名称：Whether sample

释　　义：是否采集样品

数据类型：文本

数据长度：255

备　　注：用“是”、“否”表示

2.2.2.1.32　肥料种类

字段代码：CO20129

字段名称：肥料种类

英文名称：Fertilizer types

释　　义：采样区域施用肥料的种类

数据类型：文本

数据长度：255

备　　注：在氮肥、磷肥、钾肥、有机肥、复合肥等选项中选择一项填写

2.2.2.1.33　肥料亩均用量

字段代码：CO20130

字段名称：肥料亩均用量

英文名称：Application amount of fertilizers per mu

释　　义：采样区域肥料每亩的施用量

数据类型：数值

量　　纲：kg/亩

数据长度：11

小 数 位：0

极 大 值：99 999 999 999

极 小 值：0

2.2.2.1.34　化肥 N 施用总量

字段代码：CO20131

字段名称：化肥 N 施用总量

英文名称：Amount of N in fertilizer

释　　义：采样区域所施化肥折合成纯氮的总用量

数据类型：数值

量　　纲：1 000 kg

数据长度：11

小 数 位：0

极 大 值：99 999 999 999

极 小 值：0

2.2.2.1.35　化肥 P_2O_5 施用总量

字段代码：CO20132

字段名称：化肥 P_2O_5 施用总量

英文名称：Amount of P_2O_5 in fertilizer

释　　义：采样区域所施化肥折合成 P_2O_5 的总用量

数据类型：数值

量　　纲：1 000 kg

数据长度：11

小 数 位：0

极 大 值：99 999 999 999

极 小 值：0

2.2.2.1.36 化肥 K_2O 施用总量

字段代码：CO20133

字段名称：化肥 K_2O 施用总量

英文名称：Amount of K_2O in fertilizer

释　　义：采样区域所施化肥折合成 K_2O 的总用量

数据类型：数值

量　　纲：1 000 kg

数据长度：11

小 数 位：0

极 大 值：99 999 999 999

极 小 值：0

2.2.2.1.37 复合肥养分总量比例

字段代码：CO20134

字段名称：复合肥养分总量比例

英文名称：Proportion of total nutrient of compound fertilizer

释　　义：复合肥中纯养分的比例，$N : P_2O_5 : K_2O$

数据类型：文本

数据长度：255

2.2.2.1.38 复合肥施用量

字段代码：CO20135

字段名称：复合肥施用量

英文名称：Application amount of compound fertilizer

释　　义：复合肥的施用数量总和

数据类型：数值

量　　纲：kg/亩
数据长度：11
小 数 位：0
极 大 值：99 999 999 999
极 小 值：0

2.2.2.1.39　有机肥施用总量

字段代码：CO20136
字段名称：有机肥施用总量
英文名称：Application amount of organic fertilizer
释　　义：有机肥的施用量
数据类型：数值
量　　纲：1 000 kg
数据长度：11
小 数 位：0
极 大 值：99 999 999 999
极 小 值：0

2.2.2.1.40　化肥 N 施每亩施用量

字段代码：CO20137
字段名称：化肥 N 施每亩施用量
英文名称：Average dosage of N in fertilizer
释　　义：采样区域所施化肥折合成纯氮的每亩的施用量
数据类型：数值
量　　纲：kg/亩
数据长度：11
小 数 位：0
极 大 值：99 999 999 999
极 小 值：0

2.2.2.1.41　化肥 P_2O_5 每亩施用量

字段代码：CO20138
字段名称：化肥 P_2O_5 每亩施用量

英文名称：Average dosage of P_2O_5 in fertilizer
释　　义：采样区域所施化肥折合成 P_2O_5 的每亩的施用量
数据类型：数值
量　　纲：kg/亩
数据长度：11
小 数 位：0
极 大 值：99 999 999 999
极 小 值：0

2.2.2.1.42 化肥 K_2O 每亩施用量

字段代码：CO20139
字段名称：化肥 K_2O 每亩施用量
英文名称：Average dosage of K_2O in fertilizer
释　　义：采样区域所施化肥折合成 K_2O 的每亩用量
数据类型：数值
量　　纲：kg/亩
数据长度：11
小 数 位：0
极 大 值：99 999 999 999
极 小 值：0

2.2.2.1.43 复合肥养分平均量比例

字段代码：CO20140
字段名称：复合肥养分平均量比例
英文名称：Proportion of average nutrient of compound fertilizer
释　　义：复合肥养分平均量比例
数据类型：文本
数据长度：255

2.2.2.1.44 有机肥平均施用量

字段代码：CO20141
字段名称：有机肥实物平均施用量

英文名称：Amount of organic matter
释　　义：有机肥的施用量
数据类型：数值
量　　纲：kg/亩
数据长度：11
小 数 位：0
极 大 值：99 999 999 999
极 小 值：0

2.2.2.1.45 农药种类

字段代码：CO20142
字段名称：农药种类
英文名称：Pesticide types
释　　义：采样区域施用农药的种类
数据类型：文本
数据长度：255
备　　注：杀菌剂、杀虫剂、除虫剂、除草剂、其他等选项中选择一项填写

2.2.2.1.46 农药总用量

字段代码：CO20143
字段名称：农药总用量
英文名称：Application amount of pesticides
释　　义：采样区域的农药总用量
数据类型：数值
量　　纲：kg
数据长度：11
小 数 位：0
极 大 值：99 999 999 999
极 小 值：0

2.2.2.1.47 农药亩均用量

字段代码：CO20144

字段名称：农药用量
英文名称：Application amount of pesticide per mu
释　　义：采样区域农药每亩的施用量
数据类型：数值
量　　纲：g/亩
数据长度：11
小 数 位：0
极 大 值：99 999 999 999
极 小 值：0

2.2.2.1.48　水源情况

字段代码：CO20145
字段名称：水源情况
英文名称：Water condition
释　　义：采样点位周围水源的情况
数据类型：文本
数据长度：255
备　　注：在降水、河流、湖泊、地下水、水库、其他等选项中选择一项填写

2.2.2.1.49　灌溉水量

字段代码：CO20146
字段名称：灌溉水量
英文名称：Irrigation volume
释　　义：采样区域的灌溉水量
数据类型：文本
数据长度：255
备　　注：过多、较多、正常、较少、过少等选项中选择一项填写

2.2.2.1.50　产地灌溉水渠是否固化

字段代码：CO20147
字段名称：产地灌溉水渠是否固化

英文名称：Whether rice irrigation canals is cured
释　　义：采样区域产地的灌溉水渠是否经过工程固化
数据类型：文本
数据长度：255
备　　注：用“是”、“否”表示

2.2.2.1.51 农膜使用总量

字段代码：CO20148
字段名称：农膜使用总量
英文名称：Application amount of agricultural film
释　　义：农膜使用总量
数据类型：数值
量　　纲：1 000 kg
数据长度：11
小 数 位：0
极 大 值：99 999 999 999
极 小 值：0

2.2.2.1.52 地膜使用总量

字段代码：CO20149
字段名称：地膜使用总量
英文名称：Application amount of mulch plastic film
释　　义：地膜使用总量
数据类型：数值
量　　纲：1 000 kg
数据长度：11
小 数 位：0
极 大 值：99 999 999 999
极 小 值：0

2.2.2.1.53 地膜覆盖面积

字段代码：CO20150
字段名称：地膜覆盖面积

英文名称：Covering area of mulch plastic film

释　　义：地膜覆盖的土地面积

数据类型：数值

量　　纲：亩

数据长度：11

小 数 位：0

极 大 值：99 999 999 999

极 小 值：0

2.2.2.1.54　当年自然灾害

字段代码：CO20151

字段名称：当年自然灾害

英文名称：Natural disasters of the year

释　　义：采样区域当年主要自然灾害情况

数据类型：文本

数据长度：255

备　　注：在干旱、洪涝、病害、虫害、其他等选项中选择一项填写

2.2.2.1.55　采样地块

字段代码：CO20152

字段名称：采样地块

英文名称：Sampling plot

释　　义：拍摄采样点位所属地块照片的名称

数据类型：文本

数据长度：255

2.2.2.1.56　采样坐标

字段代码：CO20153

字段名称：采样坐标

英文名称：Sampling coordinates

释　　义：获取采样点位坐标图片的名称

数据类型：文本

数据长度：255

2.2.2.1.57 采样植株

字段代码：CO20154

字段名称：采样植株

英文名称：Sampling plants

释　　义：拍摄采样点位种植作物照片的名称

数据类型：文本

数据长度：255

2.2.2.1.58 周边标志物

字段代码：CO20155

字段名称：周边标志物

英文名称：Peripheral markers

释　　义：拍摄采样点位周边标志物照片的名称

数据类型：文本

数据长度：255

2.2.2.1.59 土样包装

字段代码：CO20156

字段名称：土样包装

英文名称：Soil sample packaging

释　　义：拍摄采集的土壤样品包装图片的名称

数据类型：文本

数据长度：255

2.2.2.1.60 农产品包装

字段代码：CO20157

字段名称：农产品包装

英文名称：Agricultural product packaging

释　　义：拍摄采集的农产品样品包装图片的名称

数据类型：文本

数据长度：255

2.2.2.1.61 采样地块承包人

字段代码：CO20158

字段名称：采样地块承包人

英文名称：Sampling plots contractor

释　　义：采样地块承包人姓名

数据类型：文本

数据长度：255

2.2.2.1.62 采样人员

字段代码：CO20159

字段名称：采样人员

英文名称：Sampling person

释　　义：采样人员姓名

数据类型：文本

数据长度：255

2.2.2.1.63 采样组长

字段代码：CO20160

字段名称：采样组长

英文名称：Sampling group leader

释　　义：采样小组组长姓名

数据类型：文本

数据长度：255

2.2.2.1.64 校对人

字段代码：CO20161

字段名称：校对人

英文名称：Checking person

释　　义：校对人姓名

数据类型：文本

数据长度：255

2.2.2.1.65 完成时间

字段代码：CO20162

字段名称：完成时间
英文名称：Complete task time
释　　义：完成采集样品任务上传至管理系统的时间
数据类型：时间
数据长度：20
备　　注：表示格式：yyyy-mm-dd hh：mi：ss

2.2.2.1.66 记录人

字段代码：CO20163
字段名称：记录人
英文名称：Recorder
释　　义：采集信息记录人姓名
数据类型：文本
数据长度：255

2.2.2.1.67 记录时间

字段代码：CO20164
字段名称：记录时间
英文名称：Record time
释　　义：记录采集样品任务开始的时间
数据类型：时间
数据长度：20
备　　注：表示格式：yyyy-mm-dd hh：mi：ss

2.2.2.1.68 采样次数

字段代码：CO20165
字段名称：采样次数
英文名称：Sample times
释　　义：农作物样品采集次数
数据类型：数值
量　　纲：次
数据长度：11
小 数 位：0

极 大 值：99 999 999 999

极 小 值：0

2.2.2.1.69 现场采样记录

字段代码：CO20166

字段名称：现场采样记录

英文名称：Sampling record

释　　义：现场采样记录的内容

数据类型：文本

数据长度：1 000

2.2.2.1.70 备注

字段代码：CO20167

字段名称：备注

英文名称：Remark

释　　义：对采集样品信息的补充，重要情况的说明等

数据类型：文本

数据长度：255

2.2.2.2 采样点位登记表

2.2.2.2.1 任务编码

字段代码：CO20102

字段名称：任务编码

英文名称：Task code

释　　义：采样任务编码

数据类型：数值

数据长度：11

小 数 位：0

极 大 值：99 999 999 999

极 小 值：0

2.2.2.2.2 采集编码

字段代码：CO20201

字段名称：采集编码

英文名称：Sample code
释　　义：采集的样品编码
数据类型：文本
数据长度：11

2.2.2.2.3 顺序

字段代码：CO20202
字段名称：顺序
英文名称：Sequence
释　　义：五点采样的顺序
数据类型：数值
数据长度：1
小 数 位：0
极 大 值：5
极 小 值：1

2.2.2.2.4 东经

字段代码：MA10405
字段名称：东经
英文名称：East longitude
释　　义：地球表面东西距离的度数。以本初子午线为零，以东为东经，以西为西经，东西各180°
数据类型：数值
量　　纲：度
数据长度：11
小 数 位：7
极 大 值：136
极 小 值：72
备　　注：采用十进制表示。例，东经：117.223 456 1

2.2.2.2.5 北纬

字段代码：MA10406
字段名称：北纬

英文名称：North latitude

释　　义：地球表面南北距离的度数，从赤道到南北两极各分90°，通过某地的纬线与赤道相距的度数，就是这个地点的纬度

数据类型：数值

量　　纲：度

数据长度：10

小 数 位：7

极 大 值：60

极 小 值：0

备　　注：采用十进制表示。例，北纬：30.225 632 1

2.2.2.2.6　记录人

字段代码：CO20203

字段名称：记录人

英文名称：Recorder

释　　义：采样点位记录人姓名

数据类型：文本

数据长度：255

2.2.2.2.7　记录时间

字段代码：CO20204

字段名称：记录人时间

英文名称：Record time

释　　义：记录五点采样定位数据的时间

数据类型：时间

数据长度：20

备　　注：表示格式：yyyy-mm-dd hh：mi：ss

2.2.2.2.8　照片

字段代码：CO20205

字段名称：照片

英文名称：Photo

释　　义：照片
数据类型：文本
数据长度：255

2.2.2.3 采集样品进度表

2.2.2.3.1 行政区划编码

字段代码：MA10105
字段名称：行政区划编码
英文名称：Administrative division code
释　　义：行政区划编码（到县级代码）
数据类型：文本
数据长度：255
备　　注：数据来自国家统计局数据库，行政区划编码是根据国家统计局发布的《统计用区划代码和城乡划分代码编制规则》编制，规定统计用区划代码和城乡划分代码分为两段17位，这里节选统计用区划代码使用，由1～6代码构成，其各代码表示为：第1～2位，为省级代码；第3～4位，为地级代码；第5～6位，为县级代码

2.2.2.3.2 单位名称

字段代码：MA10301
字段名称：单位名称
英文名称：Unit name
释　　义：执行样品采集任务的单位名称
数据类型：文本
数据长度：255

2.2.2.3.3 任务编码

字段代码：CO20102
字段名称：任务编码
英文名称：Task code
释　　义：采样任务编码

数据类型：数值
数据长度：11
小 数 位：0
极 大 值：99 999 999 999
极 小 值：0

2.2.2.3.4　采样人员

字段代码：CO20159
字段名称：采样人员
英文名称：Sampling person
释　　义：采样人员姓名
数据类型：文本
数据长度：255

2.2.2.3.5　采样组长

字段代码：CO20160
字段名称：采样组长
英文名称：Sampling group leader
释　　义：采样小组组长姓名
数据类型：文本
数据长度：255

2.2.2.3.6　土壤采集任务总量

字段代码：CO20301
字段名称：土壤采集任务总量
英文名称：Total amount of soil sampling tasks
释　　义：发布的土壤采集样品任务的总量
数据类型：数值
量　　纲：个
数据长度：11
小 数 位：0
极 大 值：99 999 999 999
极 小 值：0

2.2.2.3.7 已完成土壤采集任务数量

字段代码：CO20302
字段名称：已完成土壤采集任务数量
英文名称：The amount of completed soil sampling tasks
释　　义：已完成的土壤采集样品任务的数量
数据类型：数值
量　　纲：个
数据长度：11
小 数 位：0
极 大 值：99 999 999 999
极 小 值：0

2.2.2.3.8 未完成土壤采集任务数量

字段代码：CO20303
字段名称：未完成土壤采集任务数量
英文名称：The amount of unfinished soil sampling tasks
释　　义：未完成的土壤采集样品任务的数量
数据类型：数值
量　　纲：个
数据长度：11
小 数 位：0
极 大 值：99 999 999 999
极 小 值：0

2.2.2.3.9 土壤采集执行进度

字段代码：CO20304
字段名称：土壤采集执行进度
英文名称：Execution progress of soil sampling tasks
释　　义：土壤采集样品任务的执行进度
数据类型：数值
量　　纲：无
数据长度：5

小 数 位：1

极 大 值：100.0

极 小 值：0

2.2.2.3.10　农产品采集任务总量

字段代码：CO20305

字段名称：农产品采集任务总量

英文名称：Total amount of agricultural product sampling tasks

释　　义：发布的农产品采集样品任务的总量

数据类型：数值

量　　纲：个

数据长度：11

小 数 位：0

极 大 值：99 999 999 999

极 小 值：0

2.2.2.3.11　已完成农产品采集任务数量

字段代码：CO20306

字段名称：已完成农产品采集任务数量

英文名称：The amount of completed agricultural product sampling tasks

释　　义：已完成的农产品采集样品任务的数量

数据类型：数值

量　　纲：个

数据长度：11

小 数 位：0

极 大 值：99 999 999 999

极 小 值：0

2.2.2.3.12　未完成农产品采集任务数量

字段代码：CO20307

字段名称：未完成农产品采集任务数量

英文名称：The amount of unfinished agricultural product

sampling tasks

释　　义：未完成的农产品采集样品任务的数量

数据类型：数值

量　　纲：个

数据长度：11

小 数 位：0

极 大 值：99 999 999 999

极 小 值：0

2.2.2.3.13 农产品采集执行进度

字段代码：CO20308

字段名称：农产品采集执行进度

英文名称：Execution progress of agricultural product sampling tasks

释　　义：农产品采集样品任务的执行进度

数据类型：数值

量　　纲：无

数据长度：5

小 数 位：1

极 大 值：100.0

极 小 值：0

2.2.2.4 自然环境状况调查表

2.2.2.4.1 行政界线类型

字段代码：CO20401

字段名称：行政界线类型

英文名称：Administrative boundary type

释　　义：行政界线级别，分为国界、省界、地（市）界、县界、乡界、村界

数据类型：文本

数据长度：255

2.2.2.4.2 东至

字段代码：CO20402
字段名称：东至
英文名称：East to
释　　义：地块东边界的地物标志
数据类型：文本
数据长度：255
备　　注：例：津滨大道

2.2.2.4.3 南至

字段代码：CO20403
字段名称：南至
英文名称：South to
释　　义：地块南边界的地物标志
数据类型：文本
数据长度：255
备　　注：例：二排沟

2.2.2.4.4 西至

字段代码：CO20404
字段名称：西至
英文名称：West to
释　　义：地块西边界的地物标志
数据类型：文本
数据长度：255
备　　注：例：村界

2.2.2.4.5 北至

字段代码：CO20405
字段名称：北至
英文名称：North to
释　　义：地块北边界的地物标志
数据类型：文本

数据长度：255

备　　注：例：灌溉渠

2.2.2.4.6 土地面积

字段代码：CO20406

字段名称：土地面积

英文名称：Land area

释　　义：辖区土地面积

数据类型：数值

量　　纲：万亩

数据长度：11

小 数 位：2

极 大 值：99 999 999.99

极 小 值：0

2.2.2.4.7 国土面积

字段代码：CO20407

字段名称：国土面积

英文名称：National territorial area

释　　义：辖区国土面积，指地表面积的总和

数据类型：数值

量　　纲：万亩

数据长度：11

小 数 位：2

极 大 值：99 999 999.99

极 小 值：0

2.2.2.4.8 耕地面积

字段代码：CO20408

字段名称：耕地面积

英文名称：Cultivated land area

释　　义：辖区耕地面积

数据类型：数值

量　　纲：万亩
数据长度：11
小 数 位：2
极 大 值：99 999 999.99
极 小 值：0

2.2.2.4.9　园地面积

字段代码：CO20409
字段名称：园地面积
英文名称：Garden area
释　　义：辖区园地面积
数据类型：数值
量　　纲：万亩
数据长度：11
小 数 位：2
极 大 值：99 999 999.99
极 小 值：0

2.2.2.4.10　草地面积

字段代码：CO20410
字段名称：草地面积
英文名称：Grassland area
释　　义：辖区草地面积
数据类型：数值
量　　纲：万亩
数据长度：11
小 数 位：2
极 大 值：99 999 999.99
极 小 值：0

2.2.2.4.11　林地面积

字段代码：CO20411
字段名称：林地面积

英文名称：Woodland area
释　　义：辖区林地面积
数据类型：数值
量　　纲：万亩
数据长度：11
小 数 位：2
极 大 值：99 999 999.99
极 小 值：0

2.2.2.4.12 其他土地面积

字段代码：CO20412
字段名称：其他土地面积
英文名称：Other land area
释　　义：辖区除了耕地、园地、草地、林地之后的其他地类面积之和
数据类型：数值
量　　纲：万亩
数据长度：11
小 数 位：2
极 大 值：99 999 999.99
极 小 值：0

2.2.2.4.13 耕地面积百分比

字段代码：CO20413
字段名称：耕地面积百分比
英文名称：The percentage of cultivated land area
释　　义：辖区耕地面积占国土面积的百分比
数据类型：数值
量　　纲：无
数据长度：6
小 数 位：2
极 大 值：100.00

极 小 值：0

2.2.2.4.14 园地面积百分比

字段代码：CO20414
字段名称：园地面积百分比
英文名称：The percentage of garden area
释　　义：辖区园地面积占国土面积的百分比
数据类型：数值
量　　纲：无
数据长度：6
小 数 位：2
极 大 值：100.00
极 小 值：0

2.2.2.4.15 草地面积百分比

字段代码：CO20415
字段名称：草地面积百分比
英文名称：The percentage of grassland area
释　　义：辖区草地面积占国土面积的百分比
数据类型：数值
量　　纲：无
数据长度：6
小 数 位：2
极 大 值：100.00
极 小 值：0

2.2.2.4.16 林地面积百分比

字段代码：CO20416
字段名称：林地面积百分比
英文名称：The percentage of woodland area
释　　义：辖区林地面积占国土面积的百分比
数据类型：数值
量　　纲：无

数据长度：6
小 数 位：2
极 大 值：100.00
极 小 值：0

2.2.2.4.17 其他土地面积百分比

字段代码：CO20417
字段名称：其他土地面积百分比
英文名称：The percentage of other land area
释　　义：辖区除了耕地、园地、草地、林地之后的其他地类面积之和占国土面积百分比
数据类型：数值
量　　纲：无
数据长度：6
小 数 位：2
极 大 值：100.00
极 小 值：0

2.2.2.4.18 地类编码

字段代码：CO20418
字段名称：地类编码
英文名称：Land type code
释　　义：第二次土地调查发布的《土地利用现状分类》二级地类编码
数据类型：文本
数据长度：255

2.2.2.4.19 地类名称

字段代码：CO20419
字段名称：地类名称
英文名称：Land type name
释　　义：第二次土地调查发布的《土地利用现状分类》二级地类名称

数据类型：文本

数据长度：255

2.2.2.4.20 地貌类型

字段代码：CO20420

字段名称：地貌类型

英文名称：Physiognomy type

释　　义：地貌常以成因—形态的差异，划分成若干不同的类型，同一类型具有相同或相似的特征

数据类型：文本

数据长度：255

备　　注：即地形地貌，包括山地、丘陵、高原、平原、盆地

2.2.2.4.21 山地面积百分比

字段代码：CO20421

字段名称：山地面积百分比

英文名称：The percentage of mountain area

释　　义：所辖区域内的山地占总面积百分数

数据类型：数值

量　　纲：无

数据长度：6

小 数 位：2

极 大 值：100.00

极 小 值：0

2.2.2.4.22 丘陵面积百分比

字段代码：CO20422

字段名称：丘陵面积百分比

英文名称：The percentage of hilly area

释　　义：所辖区域内的丘陵占总面积百分数

数据类型：数值

量　　纲：无

数据长度：6

小 数 位：2

极 大 值：100.00

极 小 值：0

2.2.2.4.23 高原面积百分比

字段代码：CO20423

字段名称：高原面积百分比

英文名称：The percentage of plateau area

释　　义：所辖区域内的高原占总面积百分数

数据类型：数值

量　　纲：无

数据长度：6

小 数 位：2

极 大 值：100.00

极 小 值：0

2.2.2.4.24 平原面积百分比

字段代码：CO20424

字段名称：平原面积百分比

英文名称：The percentage of plain area

释　　义：所辖区域内的平原占总面积百分数

数据类型：数值

量　　纲：无

数据长度：6

小 数 位：2

极 大 值：100.00

极 小 值：0

2.2.2.4.25 盆地面积百分比

字段代码：CO20425

字段名称：盆地面积百分比

英文名称：The percentage of basin area

释　　义：所辖区域内的盆地占总面积百分数

数据类型：数值
量　　纲：无
数据长度：6
小 数 位：2
极 大 值：100.00
极 小 值：0

2.2.2.4.26 面状水系代码

字段代码：CO20426
字段名称：面状水系代码
英文名称：Code of expanse water
释　　义：面状水系自定义编码
数据类型：数值
量　　纲：无
数据长度：5
小 数 位：0
极 大 值：29 999
极 小 值：10 001
备　　注：第1位表示水系类型：1：湖泊、2：河流；第2～5位为顺序号

2.2.2.4.27 面状水系名称

字段代码：CO20427
字段名称：面状水系名称
英文名称：Name of wide range water
释　　义：湖泊、河流等面状水系的中文名称
数据类型：文本
数据长度：255
备　　注：例：长江、海河等大江、大河、大湖以及大、中型水库

2.2.2.4.28 线状水系代码

字段代码：CO20428

字段名称：线状水系代码
英文名称：Code of linear water
释　　义：线状水系自定义编码
数据类型：数值
量　　纲：无
数据长度：4
小 数 位：0
极 大 值：9 999
极 小 值：1
备　　注：顺序编码

2.2.2.4.29　线状水系名称

字段代码：CO20429
字段名称：线状水系名称
英文名称：Name of linear water
释　　义：河流、渠道等线状水系的中文名称
数据类型：文本
数据长度：255
备　　注：例：向阳河、苏北灌溉总渠

2.2.2.4.30　河流流量

字段代码：CO20430
字段名称：河流流量
英文名称：River flux
释　　义：单位时间内通过河流某过水断面的流体体积，这里采用的是多年平均流量即正常流量
数据类型：数值
量　　纲：m^3/s
数据长度：6
小 数 位：0
极 大 值：999 999
极 小 值：0

2.2.2.4.31 渠道代码

字段代码：CO20431
字段名称：渠道代码
英文名称：Channel code
释　　义：渠道编码
数据类型：数值
量　　纲：无
数据长度：5
小 数 位：0
极 大 值：59 999
极 小 值：10 001
备　　注：第1位渠道类型编码（1：干渠；2：支渠；3：斗渠；4：农渠；5：毛渠），第2～5位顺序编码

2.2.2.4.32 渠道名称

字段代码：CO20432
字段名称：渠道名称
英文名称：Channel name
释　　义：渠道名称
数据类型：文本
数据长度：255

2.2.2.4.33 渠道流量

字段代码：CO20433
字段名称：渠道流量
英文名称：Channel flux
释　　义：单位时间内通过渠道某过水断面的流体体积，这里采用的是多年平均流量即正常流量
数据类型：数值
量　　纲：m^3/s
数据长度：6
小 数 位：1

极 大 值：9 999.9

极 小 值：0

2.2.2.4.34 气候带

字段代码：CO20434

字段名称：气候带

英文名称：Climatic zone

释　　义：根据气候要素与气候因子分布特征划分的纬向带状气候区域

数据类型：文本

数据长度：255

备　　注：即温度带，温度带的类型：热带、亚热带、暖温带、中温带、寒温带、青藏高原

2.2.2.4.35 湿度带

字段代码：CO20435

字段名称：湿度带

英文名称：Humidity zone

释　　义：根据干燥度等气候特征划分的气候区域

数据类型：文本

数据长度：255

备　　注：湿度带的类型：湿润区、半湿润区、半干旱区、干旱区、极端干旱区（降水量＜60 mm）

2.2.2.4.36 气候类型

字段代码：CO20436

字段名称：气候类型

英文名称：Climate type

释　　义：地区的自然条件，和太阳辐射、大气环流以及下垫面的特征有关，即一般由阳光强弱、水、陆面积大小、海陆位置分布而产生

数据类型：文本

数据长度：255

备　　注：气候类型：季风气候、大陆气候、高寒气候

2.2.2.4.37　年积温

字段代码：CO20437

字段名称：年积温

英文名称：Accumulated temperature

释　　义：一年中各日平均温度的总和

数据类型：数值

量　　纲：℃

数据长度：5

小 数 位：0

极 大 值：99 999

极 小 值：0

2.2.2.4.38　年降水量

字段代码：CO20438

字段名称：年降水量

英文名称：Annual precipitation

释　　义：一年之内所有降水的总量，包括从空中降下的水分以及由水汽着落在地面而凝结成的霜、露等总量

数据类型：数值

量　　纲：mm

数据长度：4

小 数 位：0

极 大 值：9 999

极 小 值：0

2.2.2.4.39　全年日照时数

字段代码：CO20439

字段名称：全年日照时数

英文名称：Annual sunshine hours

释　　义：一年中太阳辐射的强度足以明显投影的实际光照时数的总和

数据类型：数值
量　　纲：h
数据长度：4
小 数 位：0
极 大 值：9 999
极 小 值：0

2.2.2.4.40 无霜期

字段代码：CO20440
字段名称：无霜期
英文名称：Frostless days
释　　义：一年中前半年最后一次出现霜冻到后半年第一次出现霜冻之间间隔的时期
数据类型：数值
量　　纲：d
数据长度：3
小 数 位：0
极 小 值：0
极 大 值：366

2.2.2.4.41 年平均温度

字段代码：CO20441
字段名称：年平均温度
英文名称：Annual average temperature
释　　义：某区域一年的温度的平均值
数据类型：数值
量　　纲：℃
数据长度：4
小 数 位：1
极 大 值：49.9
极 小 值：−59.9

2.2.2.4.42 年蒸发量

字段代码：CO20442
字段名称：年蒸发量
英文名称：Annual evaporation
释　　义：在一定时段内，水分经蒸发而散布到空中的量
数据类型：数值
量　　纲：mm
数据长度：5
小 数 位：1
极 大 值：999.9
极 小 值：0

2.2.2.4.43 多年主要自然灾害

字段代码：CO20443
字段名称：多年主要自然灾害
英文名称：Major natural disasters for many years
释　　义：依据多年资料统计分析县所辖区域主要自然灾害情况
数据类型：文本
数据长度：255
备　　注：包括洪涝灾害、干旱灾害、台风灾害、冰雹灾害、低温冻害、高温热害、病虫鼠草灾害、沙尘暴、地址灾害、其他灾害

2.2.2.4.44 土壤退化与生态破坏类型

字段代码：CO20444
字段名称：土壤退化与生态破坏类型
英文名称：Soil degradation and ecological damage types
释　　义：依据统计资料和相关研究报告分析县所辖区域存在的土壤退化与生态破坏情况
数据类型：文本
数据长度：255

备　　注：包括土壤污染、沼泽化、潜育化、盐碱化、酸化、荒漠化、森林破坏、湿地萎缩、河湖干涸、水土流失、草原退化、其他

2.2.2.4.45 资料来源

字段代码：CO20445
字段名称：资料来源
英文名称：Data sources
释　　义：自然环境状况资料来源情况描述
数据类型：文本
数据长度：255

2.2.2.5 社会经济状况调查表

2.2.2.5.1 总人口

字段代码：CO20501
字段名称：总人口
英文名称：Total population
释　　义：辖区内常住总人口
数据类型：数值
量　　纲：人
数据长度：11
小 数 位：0
极 大 值：99 999 999 999
极 小 值：0

2.2.2.5.2 农业人口

字段代码：CO20502
字段名称：农业人口
英文名称：Population in countryside
释　　义：常住农业人口
数据类型：数值
量　　纲：人
数据长度：11

小 数 位：0
极 大 值：99 999 999 999
极 小 值：0

2.2.2.5.3 国民生产总值

字段代码：CO20503
字段名称：国民生产总值
英文名称：Gross national product
释　　义：是指一个国家（地区）所有常住机构单位在一定时期内（年或季）收入初次分配的最终成果（简称GNP）
数据类型：数值
量　　纲：万元
数据长度：13
小 数 位：2
极 大 值：9 999 999 999.99
极 小 值：0

2.2.2.5.4 国内生产总值

字段代码：CO20504
字段名称：国内生产总值
英文名称：Gross domestic product
释　　义：是一个国家（地区）所有常住单位在一定时期内生产的所有最终产品和服务的市场价格（简称GDP）
数据类型：数值
量　　纲：万元
数据长度：13
小 数 位：2
极 大 值：9 999 999 999.99
极 小 值：0

2.2.2.5.5 国民经济总产值

字段代码：CO20505

字段名称：国民经济总产值
英文名称：National economy total output value
释　　义：指各物质生产部门（农业、工业、建筑业、货物运输业、商业等）总产值的总和
数据类型：数值
量　　纲：万元
数据长度：13
小 数 位：2
极 大 值：9 999 999 999.99
极 小 值：0

2.2.2.5.6　工业产值

字段代码：CO20506
字段名称：工业产值
英文名称：Industrial output value
释　　义：指以货币表现的工业企业生产的工业产品总量
数据类型：数值
量　　纲：万元
数据长度：13
小 数 位：2
极 大 值：9 999 999 999.99
极 小 值：0

2.2.2.5.7　农业产值

字段代码：CO20507
字段名称：农业产值
英文名称：Agricultural output value
释　　义：指以货币表现的农、林、牧、渔业全部产品的总量
数据类型：数值
量　　纲：万元
数据长度：13
小 数 位：2

极 大 值：9 999 999 999.99

极 小 值：0

2.2.2.5.8 种植业总产值

字段代码：CO20508

字段名称：种植业总产值

英文名称：Planting output value

释　　义：指从事农作物栽培获得的产品产值

数据类型：数值

量　　纲：万元

数据长度：13

小 数 位：2

极 大 值：9 999 999 999.99

极 小 值：0

2.2.2.5.9 第三产业总产值

字段代码：CO20509

字段名称：第三产业总产值

英文名称：Third industrial output value

释　　义：指按市场价值计算的第三产业生产总值，它是县所辖区域内所有常住单位在第三产业（流通和服务）上生产活动的最终成果

数据类型：数值

量　　纲：万元

数据长度：13

小 数 位：2

极 大 值：9 999 999 999.99

极 小 值：0

2.2.2.5.10 县以上工业总产值

字段代码：CO20510

字段名称：县以上工业总产值

英文名称：Above county industrial output value

释　　义：指规模以上工业，年主营业务收入 2 000 万元及以上的工业企业生产的工业产品总量

数据类型：数值

量　　纲：万元

数据长度：13

小 数 位：2

极 大 值：9 999 999 999.99

极 小 值：0

2.2.2.5.11　农民年人均纯收入

字段代码：CO20511

字段名称：农民年人均纯收入

英文名称：Farmers average net annual income

释　　义：指农民人均从各种来源得到的全部实际收入扣除相应支出后的收入

数据类型：数值

量　　纲：元/年

数据长度：11

小 数 位：0

极 大 值：99 999 999 999

极 小 值：0

2.2.2.5.12　资料来源

字段代码：CO20512

字段名称：资料来源

英文名称：Data sources

释　　义：社会经济状况资料来源情况描述

数据类型：文本

数据长度：255

2.2.2.6　农业生产土地利用状况调查表

2.2.2.6.1　农作物类型名称

字段代码：CO20120

字段名称：农作物类型名称
英文名称：Crop type name
释　　义：采集的农作物类型名称
数据类型：文本
数据长度：255
备　　注：最多填写三种对应监测点位的农产品，例如：水稻、小麦等

2.2.2.6.2　农作物类型代码

字段代码：CO20121
字段名称：农作物类型代码
英文名称：Crop type code
释　　义：农作物类型代码
数据类型：文本
数据长度：255
备　　注：A：水稻、B：小麦、C：玉米、D：蔬菜、E：水果、F：茶叶、G：其他农作物等选项中选择一项填写

2.2.2.6.3　农作物品种名称

字段代码：CO20122
字段名称：农作物品种名称
英文名称：Crop variety name
释　　义：农作物品种的名称
数据类型：文本
数据长度：255
备　　注：例如：武粳15、扬麦6号等

2.2.2.6.4　农作物品种代码

字段代码：CO20123
字段名称：农作物品种代码
英文名称：Crop variety code
释　　义：农作物品种的代码

数据类型：数值
量　　纲：无
数据长度：4
小 数 位：0
极 大 值：9 999
极 小 值：101
备　　注：第1～2位表示作物类型代码，第3～4位表示作物品种代码。例如0101表示水稻品种籼优63，0102表示水稻品种协优63等

2.2.2.6.5 作物品种特征

字段代码：CO20124
字段名称：作物品种特征
英文名称：Crop variety characteristic
释　　义：农作物品种的生育特征
数据类型：文本
数据长度：255
备　　注：例如：耐肥，抗病等

2.2.2.6.6 作物常年单产

字段代码：CO20601
字段名称：作物常年单产
英文名称：Yield in single season
释　　义：单位面积耕地作物所收获的有经济价值的主要产品重量，即经济产量
数据类型：数值
量　　纲：kg/hm^2
数据长度：11
小 数 位：0
极 大 值：99 999 999 999
极 小 值：0

2.2.2.6.7 常年产量水平

字段代码：CO20602
字段名称：常年产量水平
英文名称：Normal yield
释　　义：前三年的年度平均产量水平
数据类型：数值
量　　纲：kg/亩
数据长度：11
小 数 位：0
极 大 值：99 999 999 999
极 小 值：0
备　　注：种植其他作物的，折算成全年粮食产量

2.2.2.6.8 有机农产品总产量

字段代码：CO20603
字段名称：有机农产品总产量
英文名称：Organic agricultural products total output
释　　义：某区域按照有机食品操作规程生产，并获得有机食品认证的有机食品的年总产量
数据类型：数值
量　　纲：1 000 kg
数据长度：11
小 数 位：0
极 大 值：99 999 999 999
极 小 值：0

2.2.2.6.9 绿色农产品总产量

字段代码：CO20604
字段名称：绿色农产品总产量
英文名称：Green agricultural products total output
释　　义：某区域按照绿色食品操作规程生产，并获得有机食品认证的有机食品的年总产量

数据类型：数值
量　　纲：1 000 kg
数据长度：11
小 数 位：0
极 大 值：99 999 999 999
极 小 值：0

2.2.2.6.10 无公害农产品总产量

字段代码：CO20605
字段名称：无公害农产品总产量
英文名称：Pollution-free agricultural products total output
释　　义：某区域按照无公害食品操作规程生产，并获得有机食品认证的有机食品的年总产量
数据类型：数值
量　　纲：1 000 kg
数据长度：11
小 数 位：0
极 大 值：99 999 999 999
极 小 值：0

2.2.2.6.11 地标农产品总产量

字段代码：CO20606
字段名称：地标农产品总产量
英文名称：Landmark agricultural products total output
释　　义：某区域标示农产品来源于特定地域，产品品质和相关特征主要取决于自然生态环境和历史人文因素，并以地域名称冠名的特有标志农产品的年产量
数据类型：数值
量　　纲：1 000 kg
数据长度：11
小 数 位：0
极 大 值：99 999 999 999

极 小 值：0

2.2.2.6.12 主要农作物种类

字段代码：CO20607

字段名称：主要农作物种类

英文名称：Major crop types

释　　义：播种面积相对较大或在当地具有代表性的农作物种类

数据类型：文本

数据长度：255

2.2.2.6.13 常年播种面积

字段代码：CO20608

字段名称：常年播种面积

英文名称：Crop perennial sown area

释　　义：农作物常年播种面积

数据类型：数值

量　　纲：亩

数据长度：11

小 数 位：0

极 大 值：99 999 999 999

极 小 值：0

2.2.2.6.14 有机农产品播种面积

字段代码：CO20609

字段名称：有机农产品播种面积

英文名称：Organic agricultural products sown area

释　　义：有机农产品的播种面积之和

数据类型：数值

量　　纲：亩

数据长度：11

小 数 位：0

极 大 值：99 999 999 999

极 小 值：0

2.2.2.6.15　绿色农产品播种面积

字段代码：CO20610

字段名称：绿色农产品播种面积

英文名称：Green agricultural products sown area

释　　义：绿色农产品的播种面积之和

数据类型：数值

量　　纲：亩

数据长度：11

小 数 位：0

极 大 值：99 999 999 999

极 小 值：0

2.2.2.6.16　无公害农产品播种面积

字段代码：CO20611

字段名称：无公害农产品播种面积

英文名称：Pollution-free agricultural products sown area

释　　义：无公害农产品的播种面积之和

数据类型：数值

量　　纲：亩

数据长度：11

小 数 位：0

极 大 值：99 999 999 999

极 小 值：0

2.2.2.6.17　地标农产品播种面积

字段代码：CO20612

字段名称：地标农产品播种面积

英文名称：Landmark agricultural products sown area

释　　义：地标农产品的播种面积之和

数据类型：数值

量　　纲：亩

数据长度：11
小 数 位：0
极 大 值：99 999 999 999
极 小 值：0

2.2.2.6.18 有机农产品商品率

字段代码：CO20613
字段名称：有机农产品商品率
英文名称：Organic agricultural products commodity rate
释　　义：有机农产品的商品率
数据类型：数值
量　　纲：无
数据长度：3
小 数 位：0
极 大 值：100
极 小 值：0

2.2.2.6.19 绿色农产品商品率

字段代码：CO20614
字段名称：绿色农产品商品率
英文名称：Green agricultural products commodity rate
释　　义：绿色农产品的商品率
数据类型：数值
量　　纲：无
数据长度：3
小 数 位：0
极 大 值：100
极 小 值：0

2.2.2.6.20 无公害农产品商品率

字段代码：CO20615
字段名称：无公害农产品商品率
英文名称：Pollution-free agricultural products commodity rate

释　　义：无公害农产品的商品率
数据类型：数值
量　　纲：无
数据长度：3
小 数 位：0
极 大 值：100
极 小 值：0

2.2.2.6.21　地标农产品商品率

字段代码：CO20616
字段名称：地标农产品商品率
英文名称：Landmark agricultural products commodity rate
释　　义：地标农产品的商品率
数据类型：数值
量　　纲：无
数据长度：3
小 数 位：0
极 大 值：100
极 小 值：0

2.2.2.6.22　纳入国家农产品基地名称

字段代码：CO20617
字段名称：纳入国家农产品基地名称
英文名称：National agricultural product base name
释　　义：纳入国家农产品基地的名称
数据类型：文本
数据长度：255
备　　注：所辖区域内纳入国家农产品生产基地名称

2.2.2.6.23　纳入国家农产品基地农产品总产量

字段代码：CO20618
字段名称：纳入国家农产品基地农产品总产量
英文名称：Agricultural products quantity of national agricul-

tural product base

释　　义：纳入国家农产品基地的农产品总产量

数据类型：数值

量　　纲：1 000 kg

数据长度：11

小 数 位：0

极 大 值：99 999 999 999

极 小 值：0

2.2.2.6.24　纳入国家农产品基地农产品商品率

字段代码：CO20619

字段名称：纳入国家农产品基地农产品商品率

英文名称：Agricultural products commodity rate of national agricultural product base

释　　义：纳入国家农产品基地的农产品商品率

数据类型：数值

量　　纲：无

数据长度：3

小 数 位：0

极 大 值：100

极 小 值：0

备　　注：农产品总量中商品量所占的比重

2.2.2.6.25　产区面积

字段代码：CO20620

字段名称：产区面积

英文名称：Production area

释　　义：一般农区的产区面积

数据类型：数值

量　　纲：万亩

数据长度：11

小 数 位：2

极 大 值：99 999 999.99

极 小 值：0

备　　注：是指产区使用的实际土地面积

2.2.2.6.26　产区县乡范围

字段代码：CO20621

字段名称：产区县乡范围

英文名称：The counties and towns in the producing area

释　　义：产区包含的县乡

数据类型：文本

数据长度：500

2.2.2.6.27　资料来源

字段代码：CO20622

字段名称：资料来源

英文名称：Data sources

释　　义：农业生产土地利用状况资料来源情况描述

数据类型：文本

数据长度：255

2.2.2.7　区域污染状况调查表

2.2.2.7.1　区域名称

字段代码：CO20701

字段名称：区域名称

英文名称：Region name

释　　义：污染调查区域名称

数据类型：文本

数据长度：255

2.2.2.7.2　区域编号

字段代码：CO20702

字段名称：区域编号

英文名称：Region coding

释　　义：污染调查区域编号

数据类型：文本
数据长度：255

2.2.2.7.3 区域概况

字段代码：CO20703
字段名称：区域概况
英文名称：Region general situation
释　　义：污染调查区域概况
数据类型：文本
数据长度：2 000

2.2.2.7.4 区域范围

字段代码：CO20704
字段名称：区域范围
英文名称：Region range
释　　义：污染调查区域范围
数据类型：文本
数据长度：255

2.2.2.7.5 区域总面积

字段代码：CO20705
字段名称：区域总面积
英文名称：Region area
释　　义：污染调查区域国土面积
数据类型：数值
量　　纲：亩
数据长度：11
小 数 位：0
极 大 值：99 999 999 999
极 小 值：0

2.2.2.7.6 区域耕地面积

字段代码：CO20706
字段名称：区域耕地面积

英文名称：Cultivated land area in survey region
释　　义：污染调查区域耕地面积
数据类型：数值
量　　纲：亩
数据长度：11
小 数 位：0
极 大 值：99 999 999 999
极 小 值：0

2.2.2.7.7 区域农业人口

字段代码：CO20707
字段名称：区域农业人口
英文名称：Agricultural population in survey region
释　　义：污染调查区域农业人口
数据类型：数值
量　　纲：人
数据长度：11
小 数 位：0
极 大 值：99 999 999 999
极 小 值：0

2.2.2.7.8 污染企业名称

字段代码：CO20708
字段名称：污染企业名称
英文名称：Pollution enterprise name
释　　义：工矿企业周边农区主要污染企业的名称
数据类型：文本
数据长度：255

2.2.2.7.9 污染途径

字段代码：CO20709
字段名称：污染途径
英文名称：Pollution way

释　　义：污染企业污染的主要污染途径
数据类型：文本
数据长度：255
备　　注：污染途径包括废气、废水、废渣等三类

2.2.2.7.10　污染物种类

字段代码：CO20710
字段名称：污染物种类
英文名称：Pollutant species
释　　义：污染企业主要污染物的种类
数据类型：文本
数据长度：255

2.2.2.7.11　企业运营状况

字段代码：CO20711
字段名称：企业运营状况
英文名称：Enterprise operation status
释　　义：污染企业运营状况
数据类型：文本
数据长度：255

2.2.2.7.12　污染水体名称

字段代码：CO20712
字段名称：污染水体名称
英文名称：Polluted water name
释　　义：污水灌溉区主要污染水体的名称
数据类型：文本
数据长度：255

2.2.2.7.13　污水来源类别

字段代码：CO20713
字段名称：污水来源类别
英文名称：Sewage source
释　　义：污染的来源类别

数据类型：文本
数据长度：255
备　　注：污染来源包括城市生活污水、城市混合污水、金属矿山开采与冶炼企业污水、石化企业污水、其他工矿企业废水等五类

2.2.2.7.14 始灌时间

字段代码：CO20714
字段名称：始灌时间
英文名称：Start filling time
释　　义：污水灌溉区污水灌溉的开始灌溉的时间
数据类型：时间
数据长度：10
备　　注：表示格式：yyyy-MM-dd

2.2.2.7.15 灌溉年限

字段代码：CO20715
字段名称：灌溉年限
英文名称：Irrigation years
释　　义：污水灌溉区污水灌溉的年限
数据类型：数值
量　　纲：年
数据长度：3
小 数 位：0
极 大 值：999
极 小 值：0

2.2.2.7.16 灌溉方式

字段代码：CO20716
字段名称：灌溉方式
英文名称：Irrigation method
释　　义：污水灌溉区污水灌溉的方式
数据类型：文本

数据长度：255

备　　注：污水灌溉方式包括纯污灌、清污混灌、间歇污灌等三类

2.2.2.7.17　灌溉现状

字段代码：CO20717

字段名称：灌溉现状

英文名称：Irrigation status

释　　义：污水灌溉区的现状，主要确认现在是否仍然采取污灌

数据类型：文本

数据长度：255

2.2.2.7.18　污水灌溉历史与现状

字段代码：CO20718

字段名称：污水灌溉历史与现状

英文名称：History and current situation of sewage irrigation

释　　义：大中城市郊区污水灌溉的现状与历史情况介绍

数据类型：文本

数据长度：2 000

2.2.2.7.19　城市垃圾使用历史与现状

字段代码：CO20719

字段名称：城市垃圾使用历史与现状

英文名称：History and current situation of the use of industrial solid waste

释　　义：大中城市郊区工业固体废弃物使用历史与现状情况介绍

数据类型：文本

数据长度：2 000

2.2.2.7.20　工业固体废弃物使用历史与现状

字段代码：CO20720

字段名称：工业固体废弃物使用历史与现状

英文名称：History and current situation of sludge use
释　　义：大中城市郊区工业固体废弃物使用历史与现状情况介绍
数据类型：文本
数据长度：2 000

2.2.2.7.21 污泥使用历史与现状

字段代码：CO20721
字段名称：污泥使用历史与现状
英文名称：History and current situation of sludge use
释　　义：大中城市郊区污泥使用历史与现状情况介绍
数据类型：文本
数据长度：2 000

2.2.2.7.22 历史调查有无工业废水污染

字段代码：CO20722
字段名称：历史调查有无工业废水污染
英文名称：Whether have industrial waste water pollution base on historical investigation
释　　义：根据调查，历史上有无工业废水污染
数据类型：文本
数据长度：255
备　　注：用“有”、“无”表示

2.2.2.7.23 历史调查有无工业废渣污染

字段代码：CO20723
字段名称：历史调查有无工业废渣污染
英文名称：Whether have industrial residue pollution base on historical investigation
释　　义：根据调查，历史上有无工业废渣污染
数据类型：文本
数据长度：255
备　　注：用“有”、“无”表示

2.2.2.7.24　历史调查有无工业废气污染

字段代码：CO20724

字段名称：历史调查有无工业废气污染

英文名称：Whether have industrial waste gas pollution base on historical investigation

释　　义：根据调查，历史上无工业废气污染

数据类型：文本

数据长度：255

备　　注：用“有”、“无”表示

2.2.2.7.25　历史调查有无工业污泥污染

字段代码：CO20725

字段名称：历史调查有无工业污泥污染

英文名称：Whether have industrial sludge pollution base on historical investigation

释　　义：根据调查，历史上有无工业污泥污染

数据类型：文本

数据长度：255

备　　注：用“有”、“无”表示

2.2.2.7.26　历史调查有无生活污水污染

字段代码：CO20726

字段名称：历史调查有无生活污水污染

英文名称：Whether have domestic sewage pollution base on historical investigation

释　　义：根据调查，历史上有无生物污水污染

数据类型：文本

数据长度：255

备　　注：用“有”、“无”表示

2.2.2.7.27　历史调查有无生活垃圾污染

字段代码：CO20727

字段名称：历史调查有无生活垃圾污染

英文名称：Whether have living garbage pollution base on historical investigation

释　　义：根据调查，历史上有无生活垃圾污染

数据类型：文本

数据长度：255

备　　注：用“有”、“无”表示

2.2.2.7.28　历史调查有无沟塘河泥污染

字段代码：CO20728

字段名称：历史调查有无沟塘河泥污染

英文名称：Whether have sludge pollution from ditch or pond base on historical investigation

释　　义：根据调查，历史上有无沟塘河泥污染

数据类型：文本

数据长度：255

备　　注：用“有”、“无”表示

2.2.2.7.29　历史调查有无农用化学物质及有机肥污染

字段代码：CO20729

字段名称：历史调查有无农用化学物质及有机肥污染

英文名称：Whether have agricultural chemicals and organic fertilizer pollution base on historical investigation

释　　义：根据调查，历史上有无农用化学物质及有机肥污染

数据类型：文本

数据长度：255

备　　注：用“有”、“无”表示

2.2.2.7.30　工业废水中 Cd 排放量

字段代码：CO20730

字段名称：工业废水中 Cd 排放量

英文名称：Cadmium emissions from industrial wastewater

释　　义：监测期内企业排放的工业废水中所含 Cd 本身的纯重量

数据类型：数值
量　　纲：1 000 kg
数据长度：11
小 数 位：3
极 大 值：9 999 999.999
极 小 值：0

2.2.2.7.31 工业废水中 Hg 排放量

字段代码：CO20731
字段名称：工业废水中 Hg 排放量
英文名称：Mercury emissions from industrial wastewater
释　　义：监测期内企业排放的工业废水中所含 Hg 本身的纯重量
数据类型：数值
量　　纲：1 000 kg
数据长度：11
小 数 位：3
极 大 值：9 999 999.999
极 小 值：0

2.2.2.7.32 工业废水中 As 排放量

字段代码：CO20732
字段名称：工业废水中 As 排放量
英文名称：Arsenic emissions from industrial wastewater
释　　义：监测期内企业排放的工业废水中所含 As 本身的纯重量
数据类型：数值
量　　纲：1 000 kg
数据长度：11
小 数 位：3
极 大 值：9 999 999.999
极 小 值：0

2.2.2.7.33 工业废水中 Pb 排放量

字段代码：CO20733

字段名称：工业废水中 Pb 排放量

英文名称：Plumbum emissions from industrial wastewater

释　　义：监测期内企业排放的工业废水中所含 Pb 本身的纯重量

数据类型：数值

量　　纲：1 000 kg

数据长度：11

小 数 位：3

极 大 值：9 999 999.999

极 小 值：0

2.2.2.7.34 工业废水中 Cr^{6+} 排放量

字段代码：CO20734

字段名称：工业废水中 Cr^{6+} 排放量

英文名称：Hexavalent chromium emissions from industrial wastewater

释　　义：监测期内企业排放的工业废水中所含 Cr^{6+} 本身的纯重量

数据类型：数值

量　　纲：1 000 kg

数据长度：11

小 数 位：3

极 大 值：9 999 999.999

极 小 值：0

2.2.2.7.35 工业废水中 Cu 排放量

字段代码：CO20735

字段名称：工业废水中 Cu 排放量

英文名称：Copper emissions from industrial wastewater

释　　义：监测期内企业排放的工业废水中所含 Cu 本身的纯

重量

数据类型：数值

量　　纲：1 000 kg

数据长度：11

小 数 位：3

极 大 值：9 999 999.999

极 小 值：0

2.2.2.7.36　工业废水中 Zn 排放量

字段代码：CO20736

字段名称：工业废水中 Zn 排放量

英文名称：Zinc emissions from industrial wastewater

释　　义：监测期内企业排放的工业废水中所含 Zn 本身的纯重量

数据类型：数值

量　　纲：1 000 kg

数据长度：11

小 数 位：3

极 大 值：9 999 999.999

极 小 值：0

2.2.2.7.37　工业废水中 Ni 排放量

字段代码：CO20737

字段名称：工业废水中 Ni 排放量

英文名称：Nickel emissions from industrial wastewater

释　　义：监测期内企业排放的工业废水中所含 Ni 本身的纯重量

数据类型：数值

量　　纲：1 000 kg

数据长度：11

小 数 位：3

极 大 值：9 999 999.999

极 小 值：0

2.2.2.7.38 工业废水中COD排放量

字段代码：CO20738

字段名称：工业废水中COD排放量

英文名称：Chemical Oxygen Demand emissions from industrial wastewater

释　　义：监测期内企业排放的工业废水中所含COD本身的纯重量

数据类型：数值

量　　纲：1 000 kg

数据长度：11

小 数 位：3

极 大 值：9 999 999.999

极 小 值：0

2.2.2.7.39 工业废气排放总量

字段代码：CO20739

字段名称：工业废气排放总量

英文名称：Emissions form industrial waste gas

释　　义：监测期内企业厂区内燃料燃烧和生产工艺过程中产生的各种排入空气中含有污染物的气体的总量，以标准状态（273 K，101 325 Pa）计

数据类型：数值

量　　纲：亿标 m^3

数据长度：11

小 数 位：0

极 大 值：99 999 999 999

极 小 值：0

2.2.2.7.40 工业废气二氧化硫排放量

字段代码：CO20740

字段名称：工业废气二氧化硫排放量

英文名称：Sulfur dioxide emissions from industrial waste gas
释　　义：监测期内企业在燃料燃烧和生产工艺过程中排入大气的二氧化硫总量
数据类型：数值
量　　纲：1 000 kg
数据长度：11
小 数 位：0
极 大 值：99 999 999 999
极 小 值：0

2.2.2.7.41 业已发现的是否有产地安全超标

字段代码：CO20741
字段名称：业已发现的是否有产地安全超标
英文名称：Whether there were producing area which safety level exceeding the limits
释　　义：根据以往所做工作，所辖区域内是否发现农产品产地安全问题
数据类型：文本
数据长度：255
备　　注：用“是”、“否”表示

2.2.2.7.42 业已发现的农产品超标产品类型

字段代码：CO20742
字段名称：业已发现的农产品超标产品类型
英文名称：Agricultural product type the heavy metal content in their products had been found exceeding the limits
释　　义：根据以往所做工作，所辖区域内发现的农产品超标时，超标的农产品的名称
数据类型：文本
数据长度：255
备　　注：农产品超标产品类型包括水稻、小麦、玉米、蔬

菜、水果、茶叶、其他农产品等七类

2.2.2.7.43 业已发现的农产品超标类型

字段代码：CO20743

字段名称：业已发现的农产品超标类型

英文名称：Pollution type which in agricultural products exceeded the limits

释　　义：根据以往所做工作，所辖区域内发现的农产品超标时，导致农产品超标的污染物类型

数据类型：文本

数据长度：255

备　　注：导致农产品超标的污染物类型包括重金属、农药、其他污染物污染等三类

2.2.2.7.44 业已发现的土壤超标类型

字段代码：CO20744

字段名称：业已发现的土壤超标类型

英文名称：Pollutant type which in the soil exceeded the limits

释　　义：根据以往所做工作，所辖区域内发现的土壤超标时，导致土壤超标的污染物类型

数据类型：文本

数据长度：255

备　　注：导致土壤超标的污染物类型包括重金属、有机物、其他污染物污染等三类

2.2.2.7.45 调查污染评估农产品超标类型

字段代码：CO20745

字段名称：调查污染评估农产品超标类型

英文名称：Agricultural products pollution type of base on pollution assessment

释　　义：根据资料调查及农业环保专业人员多年的工作经验做出估计，初步判断该乡镇所辖区域内农产品污染物超标情况

数据类型：文本

数据长度：255

备　　注：评估农产品超标类型包括超标、可能超标、不超标等三类

2.2.2.7.46　调查污染评估土壤超标类型

字段代码：CO20746

字段名称：调查污染评估土壤超标类型

英文名称：Soil pollution type base on pollution assessment

释　　义：根据资料调查及农业环保专业人员多年的工作经验做出估计，初步判断该乡镇所辖区域内土壤污染物超标情况

数据类型：文本

数据长度：255

备　　注：评估土壤超标类型包括超标、可能超标、不超标等三类

2.2.2.7.47　调查污染评估污染物类型

字段代码：CO20747

字段名称：调查污染评估污染物类型

英文名称：Pollutant type base on pollution assessment

释　　义：调查污染评估农产品或土壤超标或者可能超标时，可能的污染物类型

数据类型：文本

数据长度：255

备　　注：污染物类型：重金属、农药、其他污染物

2.2.2.7.48　资料来源

字段代码：CO20748

字段名称：资料来源

英文名称：Data sources

释　　义：区域污染状况资料来源情况描述

数据类型：文本

数据长度：255

2.2.2.8　土壤类型统计表

2.2.2.8.1　土壤类型代码——国标

字段代码：CO20801

字段名称：土壤类型代码——国标

英文名称：Soil type code—GB

释　　义：土壤类型国标分类系统编码

数据类型：文本

数据长度：255

备　　注：第一层一位英文字母表示土纲

第二层一位数字表示亚纲

第三层一位数字表示土类

第四层一位数字表亚类

第五层二位数字表示土属

第六层二位数字表示土种

例如：A1111311 表示铁铝土纲、湿热铁铝土亚纲、砖红壤土类典型砖红壤亚类、暗泥质砖红壤土属、黏砖土土种

2.2.2.8.2　土壤类型名称——国标

字段代码：CO20802

字段名称：土壤类型名称——国标

英文名称：Soil type name—GB

释　　义：土壤类型国标分类系统名称

数据类型：文本

数据长度：255

备　　注：采用国标的分类系统

2.2.2.8.3　土壤类型代码——省级

字段代码：CO20803

字段名称：土壤类型代码——省级

英文名称：Soil type code—province classification system
释　　义：第二次土壤普查省级分类系统土壤名称编码
数据类型：数值
数据长度：8
小 数 位：0
极 大 值：99 999 999
极 小 值：0
备　　注：采用各省的分类系统。共 8 位，1～2 位表示土类；3～4 位表示亚类；5～6 位表示土属；7～8 位表示土种

2.2.2.8.4　土壤类型名称——省级

字段代码：CO20804
字段名称：土壤类型名称——省级
英文名称：Soil type name—province classification
释　　义：第二次土壤普查省级分类系统土壤类型的名称。土类名/亚类名/土属名/土种名
数据类型：文本
数据长度：255
备　　注：采用各省的分类系统

2.2.2.8.5　土壤类型代码——市级

字段代码：CO20805
字段名称：土壤类型代码——市级
英文名称：Soil type code-city classification system
释　　义：第二次土壤普查市级分类系统土壤名称编码
数据类型：数值
数据长度：8
小 数 位：0
极 小 值：0
极 大 值：99 999 999
备　　注：采用各市的分类系统。共 8 位，1～2 位表示土类；

3～4 位表示亚类；5～6 位表示土属；7～8 位表示土种

2.2.2.8.6　土壤类型名称——市级

字段代码：CO20806

字段名称：土壤类型名称——市级

英文名称：Soil type name-city classification

释　　义：第二次土壤普查市级分类系统土壤类型的名称。土类名/亚类名/土属名/土种名

数据类型：文本

数据长度：255

备　　注：采用各市的分类系统

2.2.2.8.7　土壤类型代码——县级

字段代码：CO20807

字段名称：土壤类型代码——县级

英文名称：Soil type code-county classification system

释　　义：第二次土壤普查县级分类系统土壤名称编码

数据类型：数值

数据长度：8

小 数 位：0

极 小 值：0

极 大 值：99 999 999

备　　注：采用各县的分类系统。共 8 位，第 1～2 位土类；第 3～4 位亚类；第 5～6 位土属；第 7～8 位土种

2.2.2.8.8　土壤类型名称——县级

字段代码：CO20808

字段名称：土壤类型名称——县级

英文名称：Soil type name-county classification

释　　义：第二次土壤普查县级分类系统土壤类型的名称。土类名/亚类名/土属名/土种名

数据类型：文本

数据长度：255

备　　注：采用各县的分类系统

2.2.2.8.9　土类名称——国标

字段代码：MA10421

字段名称：土类名称

英文名称：Soil group name—GB

释　　义：土类的名称

数据类型：文本

数据长度：255

备　　注：采用国标的分类系统

2.2.2.8.10　亚类名称——国标

字段代码：MA10422

字段名称：亚类名称

英文名称：Soil subgroup name—GB

释　　义：亚类的名称

数据类型：文本

数据长度：255

备　　注：采用国标的分类系统

2.2.2.8.11　土属名称——国标

字段代码：CO20809

字段名称：土属名称——国标

英文名称：Soil genus name—GB

释　　义：国标土属的名称

数据类型：文本

数据长度：255

备　　注：采用国标的分类系统

2.2.2.8.12　土种名称——国标

字段代码：CO20810

字段名称：土种名称——国标

英文名称：Soil species name—GB

释　　义：国标土种的名称
数据类型：文本
数据长度：255
备　　注：采用国标的分类系统

2.2.2.8.13　土类名称——省级

字段代码：CO20811
字段名称：土类名称——省级
英文名称：Soil group name-province classification
释　　义：土类的名称——省级
数据类型：文本
数据长度：255
备　　注：采用各省的分类系统

2.2.2.8.14　亚类名称——省级

字段代码：CO20812
字段名称：亚类名称——省级
英文名称：Soil subgroup name-province classification
释　　义：亚类的名称——省级
数据类型：文本
数据长度：255
备　　注：采用各省的分类系统

2.2.2.8.15　土属名称——省级

字段代码：CO20813
字段名称：土属名称——省级
英文名称：Soil genus name-province classification
释　　义：土属的名称——省级
数据类型：文本
数据长度：255
备　　注：采用各省的分类系统

2.2.2.8.16　土种名称——省级

字段代码：CO20814

字段名称：土种名称——省级
英文名称：Soil species name-province classification
释　　义：土种的名称——省级
数据类型：文本
数据长度：255
备　　注：采用各省的分类系统

2.2.2.8.17　土类名称——市级

字段代码：CO20815
字段名称：土类名称——市级
英文名称：Soil group name-city classification
释　　义：土类的名称——市级
数据类型：文本
数据长度：255
备　　注：采用各市的分类系统

2.2.2.8.18　亚类名称——市级

字段代码：CO20816
字段名称：亚类名称——市级
英文名称：Soil subgroup name-city classification
释　　义：亚类的名称——市级
数据类型：文本
数据长度：255
备　　注：采用各市的分类系统

2.2.2.8.19　土属名称——市级

字段代码：CO20817
字段名称：土属名称——市级
英文名称：Soil genus name-city classification
释　　义：土属的名称——市级
数据类型：文本
数据长度：255
备　　注：采用各市的分类系统

2.2.2.8.20 土种名称——市级

字段代码：CO20818

字段名称：土种名称——市级

英文名称：Soil species name-city classification

释　　义：土种的名称——市级

数据类型：文本

数据长度：255

备　　注：采用各市的分类系统

2.2.2.8.21 土类名称——县级

字段代码：CO20819

字段名称：土类名称——县级

英文名称：Soil group name-county classification

释　　义：土类名称——县级

数据类型：文本

数据长度：255

备　　注：采用各县的分类系统

2.2.2.8.22 亚类名称——县级

字段代码：CO20820

字段名称：亚类名称——县级

英文名称：Soil subgroup name-county classification

释　　义：亚类名称——县级

数据类型：文本

数据长度：255

备　　注：采用各县的分类系统

2.2.2.8.23 土属名称——县级

字段代码：CO20821

字段名称：土属名称——县级

英文名称：Soil genus name-county classification

释　　义：土属名称——县级

数据类型：文本

数据长度：255

备　　注：采用各县的分类系统

2.2.2.8.24　土种名称——县级

字段代码：CO20822

字段名称：土种名称——县级

英文名称：Soil species name-county classification

释　　义：土种名称——县级

数据类型：文本

数据长度：255

备　　注：采用各县的分类系统

2.2.2.8.25　土壤俗名

字段代码：CO20823

字段名称：土壤俗名

英文名称：Nickname of soil

释　　义：当地农民对土壤的通俗名称

数据类型：文本

数据长度：255

2.2.2.8.26　成土母质

字段代码：CO20824

字段名称：成土母质

英文名称：Parent material

释　　义：地表岩石经风化作用形成的松懈碎屑，是形成土壤的基本的原始物质

数据类型：文本

数据长度：255

备　　注：数据引用于《土壤调查与制图》（第二版），中国农业出版社

2.2.2.8.27　土壤质地

字段代码：CO20825

字段名称：土壤质地

英文名称：Soil texture
释　　义：土壤中不同大小直径的矿物颗粒的组合状况
数据类型：文本
数据长度：255
备　　注：采用美国土壤质地分类制

2.2.2.8.28 代表面积

字段代码：CO20826
字段名称：代表面积
英文名称：Representative area as investigation site
释　　义：取样点观测或检测的土壤性状代表周围相同类型土壤的面积
数据类型：数值
量　　纲：hm^2
数据长度：4
小 数 位：0
极 大 值：9 999
极 小 值：1

2.2.2.9 基础图件采集

2.2.2.9.1 行政区划图

图层代码：AD101
图层名称：行政区划图
英文名称：Administrative district map
图形类型：矢量
要素类型：多边形
资料来源：民政部门
备　　注：中国、省级、市级、县级行政区划图

2.2.2.9.2 水系图

图层代码：GE101
图层名称：水系图
英文名称：Water map

图形类型：矢量
要素类型：多边形
资料来源：水利部门

2.2.2.9.3 道路图

图层代码：GE102
图层名称：道路图
英文名称：Road map
图形类型：矢量
要素类型：线
资料来源：交通部门、水利部门

2.2.2.9.4 渠道图

图层代码：GE103
图层名称：渠道图
英文名称：Channel map
图形类型：矢量
要素类型：线
资料来源：水利部门

2.2.2.9.5 居民及工矿用地图

图层代码：GE104
图层名称：居民及工矿用地图
英文名称：Residential and enterprises area map
图形类型：矢量
要素类型：多边形
资料来源：国土部门

2.2.2.9.6 地貌类型分区图

图层代码：GE105
图层名称：地貌类型分区图
英文名称：Physiognomy type partition map
图形类型：矢量
要素类型：多边形

资料来源：测绘及地矿部门

2.2.2.9.7 地形部位分区图

图层代码：GE106

图层名称：地形部位分区图

英文名称：Topography position partition map

图形类型：矢量

要素类型：多边形

资料来源：测绘及地矿部门

2.2.2.9.8 灌排设施分布图

图层代码：LM101

图层名称：灌排设施分布图

英文名称：Irrigation construction map

图形类型：矢量

要素类型：点

资料来源：水利部门

备　　注：电灌站、机灌站、自流灌溉水闸、排涝闸等

2.2.2.9.9 灌溉分区图

图层代码：LM102

图层名称：灌溉分区图

英文名称：Irrigation zone map

图形类型：矢量

要素类型：多边形

资料来源：水利部门

2.2.2.9.10 排水分区图

图层代码：LM103

图层名称：排水分区图

英文名称：Drainage zone map

图形类型：矢量

要素类型：多边形

资料来源：水利部门

2.2.2.9.11　土地利用现状图

图层代码：LU101
图层名称：土地利用现状图
英文名称：Current land use map
图形类型：矢量
要素类型：多边形
资料来源：国土部门
备　　注：第二次土地调查分类

2.2.2.9.12　土壤类型图

图层代码：SB101
图层名称：土壤类型图
英文名称：Soil type map
图形类型：矢量
要素类型：多边形
资料来源：农业部门

2.2.2.9.13　种植业区划图

图层代码：SB102
图层名称：种植业区划图
英文名称：Planting zoning map
图形类型：矢量
要素类型：多边形
资料来源：农业部门
备　　注：种植业区划分布

2.2.2.9.14　农业区划图

图层代码：SB103
图层名称：农业区划图
英文名称：Agricultural zoning map
图形类型：矢量
要素类型：多边形
资料来源：农业部门

备　　注：农业综合生产区划

2.2.2.9.15 成土母质图

图层代码：SB104

图层名称：成土母质图

英文名称：Soil parent material map

图形类型：矢量

要素类型：多边形

资料来源：农业部门

2.2.3 制备功能模块

2.2.3.1 制备样品登记表

2.2.3.1.1 行政区划编码

字段代码：MA10105

字段名称：行政区划编码

英文名称：Administrative division code

释　　义：制备单位所在地的行政区划编码（到县级代码）

数据类型：文本

数据长度：255

备　　注：数据来自国家统计局数据库，行政区划编码是根据国家统计局发布的《统计用区划代码和城乡划分代码编制规则》编制，规定统计用区划代码和城乡划分代码分为两段 17 位，这里节选统计用区划代码使用，由 1～6 代码构成，其各代码表示为：第1～2 位，为省级代码；第 3～4 位，为地级代码；第 5～6 位，为县级代码

2.2.3.1.2 单位名称

字段代码：MA10301

字段名称：单位名称

英文名称：Unit name

释　　义：制备单位的名称

数据类型：文本
数据长度：255

2.2.3.1.3 单位编码

字段代码：MA10403
字段名称：单位编码
英文名称：Unit code
释　　义：制备单位编码
数据类型：数值
数据长度：11
小 数 位：0
极 大 值：99 999 999 999
极 小 值：0

2.2.3.1.4 任务编码

字段代码：CO20102
字段名称：任务编码
英文名称：Task code
释　　义：采样任务编码
数据类型：数值
数据长度：11
小 数 位：0
极 大 值：99 999 999 999
极 小 值：0

2.2.3.1.5 二维码

字段代码：CO20103
字段名称：二维码
英文名称：QR code
释　　义：制备分样的二维码
数据类型：文本
数据长度：255

2.2.3.1.6 采集编码

字段代码：CO20201
字段名称：采样编码
英文名称：Sample code
释　　义：采集样品编码
数据类型：数值
数据长度：11
小 数 位：0
极 大 值：99 999 999 999
极 小 值：0

2.2.3.1.7 记录人

字段代码：PR30101
字段名称：记录人
英文名称：Recorder
释　　义：记录人姓名
数据类型：文本
数据长度：255

2.2.3.1.8 记录时间

字段代码：PR30102
字段名称：记录时间
英文名称：Record time
释　　义：制备分样的时间
数据类型：时间
数据长度：20
备　　注：表示格式：yyyy－mm－dd hh：mi：ss

2.2.3.1.9 备注

字段代码：PR30103
字段名称：备注
英文名称：Remark
释　　义：对制备样品信息的补充，重要情况的说明等

数据类型：文本

数据长度：255

2.2.3.2 制备样品进度表

2.2.3.2.1 行政区划编码

字段代码：MA10105

字段名称：行政区划编码

英文名称：Administrative division code

释　　义：行政区划编码（到县级代码）

数据类型：文本

数据长度：255

备　　注：数据来自国家统计局数据库，行政区划编码是根据国家统计局发布的《统计用区划代码和城乡划分代码编制规则》编制，规定统计用区划代码和城乡划分代码分为两段 17 位，这里节选统计用区划代码使用，由 1～6 代码构成，其各代码表示为：第1～2 位，为省级代码；第 3～4 位，为地级代码；第 5～6 位，为县级代码

2.2.3.2.2 单位名称

字段代码：MA10301

字段名称：单位名称

英文名称：Unit name

释　　义：执行样品制备任务的单位名称

数据类型：文本

数据长度：255

2.2.3.2.3 任务编码

字段代码：CO20102

字段名称：任务编码

英文名称：Task code

释　　义：采样任务编码

数据类型：数值

数据长度：11
小 数 位：0
极 大 值：99 999 999 999
极 小 值：0

2.2.3.2.4 土壤制备样品总量

字段代码：PR30201
字段名称：土壤制备样品总量
英文名称：Total amount of soil prepared samples
释　　义：土壤制备样品的总量
数据类型：数值
量　　纲：个
数据长度：11
小 数 位：0
极 大 值：99 999 999 999
极 小 值：0

2.2.3.2.5 已完成土壤制备样品数量

字段代码：PR30202
字段名称：已完成土壤制备样品数量
英文名称：The amount of completed soil prepared samples
释　　义：已完成的土壤制备样品的数量
数据类型：数值
量　　纲：个
数据长度：11
小 数 位：0
极 大 值：99 999 999 999
极 小 值：0

2.2.3.2.6 未完成土壤制备样品数量

字段代码：PR30203
字段名称：未完成土壤制备样品数量
英文名称：The amount of unfinished soil prepared samples

释　　义：未完成的土壤制备样品的数量

数据类型：数值

量　　纲：个

数据长度：11

小 数 位：0

极 大 值：99 999 999 999

极 小 值：0

2.2.3.2.7　土壤制备执行进度

字段代码：PR30204

字段名称：土壤制备执行进度

英文名称：Execution progress of soil prepared samples

释　　义：土壤制备样品的执行进度

数据类型：数值

量　　纲：无

数据长度：5

小 数 位：1

极 大 值：100.0

极 小 值：0

2.2.3.2.8　农产品制备样品总量

字段代码：PR30205

字段名称：农产品制备样品总量

英文名称：Total amount of prepared samples of agricultural product

释　　义：农产品制备样品的总量

数据类型：数值

量　　纲：个

数据长度：11

小 数 位：0

极 大 值：99 999 999 999

极 小 值：0

2.2.3.2.9 已完成农产品制备样品数量

字段代码：PR30206

字段名称：已完成农产品制备样品数量

英文名称：The amount of completed prepared samples of agricultural product

释　　义：已完成的农产品制备样品的数量

数据类型：数值

量　　纲：个

数据长度：11

小 数 位：0

极 大 值：99 999 999 999

极 小 值：0

2.2.3.2.10 未完成农产品制备样品数量

字段代码：PR30207

字段名称：未完成农产品制备样品数量

英文名称：The amount of unfinished prepared samples of agricultural product

释　　义：未完成的农产品制备样品的数量

数据类型：数值

量　　纲：个

数据长度：11

小 数 位：0

极 大 值：99 999 999 999

极 小 值：0

2.2.3.2.11 农产品制备执行进度

字段代码：PR30208

字段名称：农产品制备执行进度

英文名称：Execution progress of prepared samples of agricultural product

释　　义：农产品制备样品的执行进度

数据类型：数值
量　　纲：无
数据长度：5
小 数 位：1
极 大 值：100.0
极 小 值：0

2.2.4　质控功能模块

2.2.4.1　质控样品登记表

2.2.4.1.1　行政区划编码

字段代码：MA10105
字段名称：行政区划编码
英文名称：Administrative division code
释　　义：制备单位所在地的行政区划编码（到县级代码）
数据类型：文本
数据长度：255
备　　注：数据来自国家统计局数据库，行政区划编码是根据国家统计局发布的《统计用区划代码和城乡划分代码编制规则》编制，规定统计用区划代码和城乡划分代码分为两段17位，这里节选统计用区划代码使用，由1～6代码构成，其各代码表示为：第1～2位，为省级代码；第3～4位，为地级代码；第5～6位，为县级代码

2.2.4.1.2　单位名称

字段代码：MA10301
字段名称：单位名称
英文名称：Unit name
释　　义：质量控制样品制备单位名称
数据类型：文本
数据长度：255

2.2.4.1.3 单位编码

字段代码：MA10403
字段名称：单位编码
英文名称：Unit code
释　　义：质量控制样品制备单位编码
数据类型：数值
数据长度：11
小 数 位：0
极 大 值：99 999 999 999
极 小 值：0

2.2.4.1.4 任务编码

字段代码：CO20102
字段名称：任务编码
英文名称：Task code
释　　义：采样任务编码
数据类型：数值
数据长度：11
小 数 位：0
极 大 值：99 999 999 999
极 小 值：0

2.2.4.1.5 二维码

字段代码：CO20103
字段名称：二维码
英文名称：QR code
释　　义：质控样品的二维码
数据类型：文本
数据长度：255

2.2.4.1.6 采集编码

字段代码：CO20201
字段名称：采集编码

英文名称：Sample code
释　　义：采集的样品编码
数据类型：数值
数据长度：11
小 数 位：0
极 大 值：99 999 999 999
极 小 值：0

2.2.4.1.7 质控编码

字段代码：QC40101
字段名称：批次
英文名称：Batch
释　　义：质控样品分批后的编码
数据类型：数值
数据长度：11
小 数 位：0
极 大 值：99 999 999 999
极 小 值：0

2.2.4.1.8 样品种类

字段代码：QC40102
字段名称：样品种类
英文名称：Sample type
释　　义：样品种类
数据类型：数值
数据长度：1
小 数 位：0
极 大 值：3
极 小 值：1
备　　注：样品种类包括 1：普通样品、2：密码平行样、3：定值监控样三个类别

2.2.4.1.9 记录人

字段代码：QC40103

字段名称：记录人

英文名称：Recorder

释　　义：记录人姓名

数据类型：文本

数据长度：255

2.2.4.1.10 记录时间

字段代码：QC40104

字段名称：记录时间

英文名称：Record time

释　　义：记录质控样品创建的时间

数据类型：时间

数据长度：20

备　　注：表示格式：yyyy-mm-dd hh：mi：ss

2.2.4.1.11 备注

字段代码：QC40105

字段名称：备注

英文名称：Remark

释　　义：对质控样品信息的补充，重要情况的说明等

数据类型：文本

数据长度：255

2.2.4.2 批次表

2.2.4.2.1 行政区划编码

字段代码：MA10105

字段名称：行政区划编码

英文名称：Administrative division code

释　　义：质控单位所在地的行政区划编码（到县级代码）

数据类型：文本

数据长度：255

备　　注：数据来自国家统计局数据库，行政区划编码是根据国家统计局发布的《统计用区划代码和城乡划分代码编制规则》编制，规定统计用区划代码和城乡划分代码分为两段17位，这里节选统计用区划代码使用，由1～6代码构成，其各代码表示为：第1～2位，为省级代码；第3～4位，为地级代码；第5～6位，为县级代码

2.2.4.2.2　所在省市编码

字段代码：QC40201
字段名称：所在省市编码
英文名称：Administrative division code
释　　义：样品点位所在地的省市编码
数据类型：文本
数据长度：255

2.2.4.2.3　批次号

字段代码：QC40202
字段名称：批次号
英文名称：Batch number
释　　义：质控样品所在批次号
数据类型：数值
数据长度：11
小 数 位：0
极 大 值：99 999 999 999
极 小 值：0

2.2.4.2.4　创建时间

字段代码：QC40203
字段名称：创建时间
英文名称：Creation time
释　　义：批次创建的时间
数据类型：时间

数据长度：20

备　　注：表示格式：yyyy－mm－dd hh：mi：ss

2.2.4.2.5 pH 检测方法

字段代码：QC40204

字段名称：pH 检测方法

英文名称：Detection method of pH

释　　义：土壤 pH 的检测方法

数据类型：文本

数据长度：255

2.2.4.2.6 CEC 检测方法

字段代码：QC40205

字段名称：CEC 检测方法

英文名称：Detection method of CEC

释　　义：土壤阳离子交换量的检测方法

数据类型：文本

数据长度：255

2.2.4.2.7 有机质检测方法

字段代码：QC40206

字段名称：有机质检测方法

英文名称：Detection method of organic matter

释　　义：土壤有机质的检测方法

数据类型：文本

数据长度：255

2.2.4.2.8 土壤镉检测方法

字段代码：QC40207

字段名称：土壤镉检测方法

英文名称：Detection method of Cd in soil

释　　义：土壤镉含量的检测方法

数据类型：文本

数据长度：255

2.2.4.2.9　土壤汞检测方法

字段代码：QC40208

字段名称：土壤汞检测方法

英文名称：Detection method of Hg in soil

释　　义：土壤汞含量的检测方法

数据类型：文本

数据长度：255

2.2.4.2.10　土壤砷检测方法

字段代码：QC40209

字段名称：土壤砷检测方法

英文名称：Detection method of As in soil

释　　义：土壤砷含量的检测方法

数据类型：文本

数据长度：255

2.2.4.2.11　土壤铅检测方法

字段代码：QC40210

字段名称：土壤铅检测方法

英文名称：Detection method of Pb in soil

释　　义：土壤铅含量的检测方法

数据类型：文本

数据长度：255

2.2.4.2.12　土壤铬检测方法

字段代码：QC40211

字段名称：土壤铬检测方法

英文名称：Detection method of Cr in soil

释　　义：土壤铬含量的检测方法

数据类型：文本

数据长度：255

2.2.4.2.13　土壤铜检测方法

字段代码：QC40212

字段名称：土壤铜检测方法
英文名称：Detection method of Cu in soil
释　　义：土壤铜含量的检测方法
数据类型：文本
数据长度：255

2.2.4.2.14　土壤锌检测方法

字段代码：QC40213
字段名称：土壤锌检测方法
英文名称：Detection method of Zn in soil
释　　义：土壤锌含量的检测方法
数据类型：文本
数据长度：255

2.2.4.2.15　土壤镍检测方法

字段代码：QC40214
字段名称：土壤镍检测方法
英文名称：Detection method of Ni in soil
释　　义：土壤镍含量的检测方法
数据类型：文本
数据长度：255

2.2.4.2.16　农产品镉检测方法

字段代码：QC40215
字段名称：农产品镉检测方法
英文名称：Detection method of Cd in agricultural products
释　　义：农产品中镉含量的检测方法
数据类型：文本
数据长度：255

2.2.4.2.17　农产品汞检测方法

字段代码：QC40216
字段名称：农产品汞检测方法
英文名称：Detection method of Hg in agricultural products

释　　义：农产品中汞含量的检测方法
数据类型：文本
数据长度：255

2.2.4.2.18　农产品砷检测方法

字段代码：QC40217
字段名称：农产品砷检测方法
英文名称：Detection method of As in agricultural products
释　　义：农产品中砷含量的检测方法
数据类型：文本
数据长度：255

2.2.4.2.19　农产品铅检测方法

字段代码：QC40218
字段名称：农产品铅检测方法
英文名称：Detection method of Pb in agricultural products
释　　义：农产品中铅含量的检测方法
数据类型：文本
数据长度：255

2.2.4.2.20　农产品铬检测方法

字段代码：QC40219
字段名称：农产品铬检测方法
英文名称：Detection method of Cr in agricultural products
释　　义：农产品中铬含量的检测方法
数据类型：文本
数据长度：255

2.2.4.2.21　农产品铜检测方法

字段代码：QC40220
字段名称：农产品铜检测方法
英文名称：Detection method of Cu in agricultural products
释　　义：农产品中铜含量的检测方法
数据类型：文本

数据长度：255

2.2.4.2.22　农产品锌检测方法

字段代码：QC40221

字段名称：农产品锌检测方法

英文名称：Detection method of Zn in agricultural products

释　　义：农产品中锌含量的检测方法

数据类型：文本

数据长度：255

2.2.4.2.23　农产品镍检测方法

字段代码：QC40222

字段名称：农产品镍检测方法

英文名称：Detection method of Ni in agricultural products

释　　义：农产品中镍含量的检测方法

数据类型：文本

数据长度：255

2.2.4.2.24　审核结果

字段代码：QC40223

字段名称：审核结果

英文名称：Audit result

释　　义：每个批次的审核结果

数据类型：文本

数据长度：255

2.2.4.3　平行密码样品表

2.2.4.3.1　样品类型

字段代码：CO20106

字段名称：样品类型

英文名称：Sample type

释　　义：平行密码样品类型

数据类型：文本

数据长度：255

备　　注：样品类型包括土壤、农产品两个类别

2.2.4.3.2　pH 范围上

字段代码：QC40301

字段名称：pH 范围上

英文名称：The high end of the range in soil pH value

释　　义：平行密码样品中 pH 最大值

数据类型：数值

量　　纲：无

数据长度：4

小 数 位：1

极 大 值：14.0

极 小 值：0

2.2.4.3.3　pH 范围下

字段代码：QC40302

字段名称：pH 范围下

英文名称：The low end of the range in soil pH value

释　　义：平行密码样品中 pH 最小值

数据类型：数值

量　　纲：无

数据长度：4

小 数 位：1

极 大 值：14.0

极 小 值：0

2.2.4.3.4　CEC 范围上

字段代码：QC40303

字段名称：CEC 范围上

英文名称：The high end of the range in soil CEC

释　　义：平行密码样品中 CEC 最大值

数据类型：数值

量　　纲：cmol（+）/kg

数据长度：11
小 数 位：1
极 大 值：999 999 999.9
极 小 值：0

2.2.4.3.5　CEC 范围下

字段代码：QC40304
字段名称：CEC 范围下
英文名称：The low end of the range in soil CEC
释　　义：平行密码样品中 CEC 最小值
数据类型：数值
量　　纲：cmol（+）/kg
数据长度：11
小 数 位：1
极 大 值：999 999 999.9
极 小 值：0

2.2.4.3.6　有机质范围上

字段代码：QC40305
字段名称：有机质范围上
英文名称：The high end of the range in soil organic matter
释　　义：平行密码样品中有机质最大值
数据类型：数值
量　　纲：g/kg
数据长度：11
小 数 位：1
极 大 值：999 999 999.9
极 小 值：0

2.2.4.3.7　有机质范围下

字段代码：QC40306
字段名称：有机质范围下
英文名称：The low end of the range in soil organic matter

释　　义：平行密码样品中有机质最小值
数据类型：数值
量　　纲：g/kg
数据长度：11
小 数 位：1
极 大 值：999 999 999.9
极 小 值：0

2.2.4.3.8　土壤镉含量范围上

字段代码：QC40307
字段名称：土壤镉含量范围上
英文名称：The high end of the range in soil cadmium content
释　　义：平行密码样品（土壤）中镉含量最大值
数据类型：数值
量　　纲：mg/kg
数据长度：11
小 数 位：3
极 大 值：9 999 999.999
极 小 值：0

2.2.4.3.9　土壤镉含量范围下

字段代码：QC40308
字段名称：土壤镉含量范围下
英文名称：The low end of the range in soil cadmium content
释　　义：平行密码样品（土壤）中镉含量最小值
数据类型：数值
量　　纲：mg/kg
数据长度：11
小 数 位：3
极 大 值：9 999 999.999
极 小 值：0

2.2.4.3.10 土壤汞含量范围上

字段代码：QC40309
字段名称：土壤汞含量范围上
英文名称：The high end of the range in soil mercury content
释　　义：平行密码样品（土壤）中汞含量最大值
数据类型：数值
量　　纲：mg/kg
数据长度：11
小 数 位：2
极 大 值：99 999 999.99
极 小 值：0

2.2.4.3.11 土壤汞含量范围下

字段代码：QC40310
字段名称：土壤汞含量范围下
英文名称：The low end of the range in soil mercury content
释　　义：平行密码样品（土壤）中汞含量最小值
数据类型：数值
量　　纲：mg/kg
数据长度：11
小 数 位：2
极 大 值：99 999 999.99
极 小 值：0

2.2.4.3.12 土壤砷含量范围上

字段代码：QC40311
字段名称：土壤砷含量范围上
英文名称：The high end of the range in soil arsenic content
释　　义：平行密码样品（土壤）中砷含量最大值
数据类型：数值
量　　纲：mg/kg
数据长度：11

小 数 位：2
极 大 值：99 999 999.99
极 小 值：0

2.2.4.3.13 土壤砷含量范围下

字段代码：QC40312
字段名称：土壤砷含量范围下
英文名称：The low end of the range in soil arsenic content
释　　义：平行密码样品（土壤）中砷含量最小值
数据类型：数值
量　　纲：mg/kg
数据长度：11
小 数 位：2
极 大 值：99 999 999.99
极 小 值：0

2.2.4.3.14 土壤铅含量范围上

字段代码：QC40313
字段名称：土壤铅含量范围上
英文名称：The high end of the range in soil lead content
释　　义：平行密码样品（土壤）中铅含量最大值
数据类型：数值
量　　纲：mg/kg
数据长度：11
小 数 位：1
极 大 值：999 999 999.9
极 小 值：0

2.2.4.3.15 土壤铅含量范围下

字段代码：QC40314
字段名称：土壤铅含量范围下
英文名称：The low end of the range in soil lead content
释　　义：平行密码样品（土壤）中铅含量最小值

数据类型：数值
量　　纲：mg/kg
数据长度：11
小 数 位：1
极 大 值：999 999 999.9
极 小 值：0

2.2.4.3.16　土壤铬含量范围上

字段代码：QC40315
字段名称：土壤铬含量范围上
英文名称：The high end of the range in soil chromium content
释　　义：平行密码样品（土壤）中铬含量最大值
数据类型：数值
量　　纲：mg/kg
数据长度：11
小 数 位：2
极 大 值：99 999 999.99
极 小 值：0

2.2.4.3.17　土壤铬含量范围下

字段代码：QC40316
字段名称：土壤铬含量范围下
英文名称：The low end of the range in soil chromium content
释　　义：平行密码样品（土壤）中铬含量最小值
数据类型：数值
量　　纲：mg/kg
数据长度：11
小 数 位：2
极 大 值：99 999 999.99
极 小 值：0

2.2.4.3.18　土壤铜含量范围上

字段代码：QC40317

字段名称：土壤铜含量范围上
英文名称：The high end of the range in soil copper content
释　　义：平行密码样品（土壤）中铜含量最大值
数据类型：数值
量　　纲：mg/kg
数据长度：11
小 数 位：1
极 大 值：999 999 999.9
极 小 值：0

2.2.4.3.19　土壤铜含量范围下

字段代码：QC40318
字段名称：土壤铜含量范围下
英文名称：The low end of the range in soil copper content
释　　义：平行密码样品（土壤）中铜含量最小值
数据类型：数值
量　　纲：mg/kg
数据长度：11
小 数 位：1
极 大 值：999 999 999.9
极 小 值：0

2.2.4.3.20　土壤锌含量范围上

字段代码：QC40319
字段名称：土壤锌含量范围上
英文名称：The high end of the range in soil zinc content
释　　义：平行密码样品（土壤）中锌含量最大值
数据类型：数值
量　　纲：mg/kg
数据长度：11
小 数 位：1
极 大 值：999 999 999.9

极 小 值：0

2.2.4.3.21　土壤锌含量范围下

字段代码：QC40320

字段名称：土壤锌含量范围下

英文名称：The low end of the range in soil zinc content

释　　义：平行密码样品（土壤）中锌含量最小值

数据类型：数值

量　　纲：mg/kg

数据长度：11

小 数 位：1

极 大 值：999 999 999.9

极 小 值：0

2.2.4.3.22　土壤镍含量范围上

字段代码：QC40321

字段名称：土壤镍含量范围上

英文名称：The high end of the range in soil nickel content

释　　义：平行密码样品（土壤）中镍含量最大值

数据类型：数值

量　　纲：mg/kg

数据长度：11

小 数 位：1

极 大 值：999 999 999.9

极 小 值：0

2.2.4.3.23　土壤镍含量范围下

字段代码：QC40322

字段名称：土壤镍含量范围下

英文名称：The low end of the range in soil nickel content

释　　义：平行密码样品（土壤）中镍含量最小值

数据类型：数值

量　　纲：mg/kg

数据长度：11

小 数 位：1

极 大 值：999 999 999.9

极 小 值：0

2.2.4.3.24 农产品镉含量范围上

字段代码：QC40323

字段名称：农产品镉含量范围上

英文名称：The high end of the range in agricultural product cadmium content

释　　义：平行密码样品（农产品）中镉含量最大值

数据类型：数值

量　　纲：mg/kg

数据长度：11

小 数 位：2

极 大 值：99 999 999.99

极 小 值：0

2.2.4.3.25 农产品镉含量范围下

字段代码：QC40324

字段名称：农产品镉含量范围下

英文名称：The low end of the range in agricultural product cadmium content

释　　义：平行密码样品（农产品）中镉含量最小值

数据类型：数值

量　　纲：mg/kg

数据长度：11

小 数 位：2

极 大 值：99 999 999.99

极 小 值：0

2.2.4.3.26 农产品汞含量范围上

字段代码：QC40325

字段名称：农产品汞含量范围上
英文名称：The high end of the range in agricultural product mercury content
释　　义：平行密码样品（农产品）中汞含量最大值
数据类型：数值
量　　纲：mg/kg
数据长度：11
小 数 位：2
极 大 值：99 999 999.99
极 小 值：0

2.2.4.3.27　农产品汞含量范围下

字段代码：QC40326
字段名称：农产品汞含量范围下
英文名称：The low end of the range in agricultural product mercury content
释　　义：平行密码样品（农产品）中汞含量最小值
数据类型：数值
量　　纲：mg/kg
数据长度：11
小 数 位：2
极 大 值：99 999 999.99
极 小 值：0

2.2.4.3.28　农产品砷含量范围上

字段代码：QC40327
字段名称：农产品砷含量范围上
英文名称：The high end of the range in agricultural product arsenic content
释　　义：平行密码样品（农产品）中砷含量最大值
数据类型：数值
量　　纲：mg/kg

数据长度：11

小 数 位：2

极 大 值：99 999 999.99

极 小 值：0

2.2.4.3.29 农产品砷含量范围下

字段代码：QC40328

字段名称：农产品砷含量范围下

英文名称：The low end of the range in agricultural product arsenic content

释　　义：平行密码样品（农产品）中砷含量最小值

数据类型：数值

量　　纲：mg/kg

数据长度：11

小 数 位：2

极 大 值：99 999 999.99

极 小 值：0

2.2.4.3.30 农产品铅含量范围上

字段代码：QC40329

字段名称：农产品铅含量范围上

英文名称：The high end of the range in agricultural product lead content

释　　义：平行密码样品（农产品）中铅含量最大值

数据类型：数值

量　　纲：mg/kg

数据长度：11

小 数 位：2

极 大 值：99 999 999.99

极 小 值：0

2.2.4.3.31 农产品铅含量范围下

字段代码：QC40330

字段名称：农产品铅含量范围下
英文名称：The low end of the range in agricultural product lead content
释　　义：平行密码样品（农产品）中铅含量最小值
数据类型：数值
量　　纲：mg/kg
数据长度：11
小 数 位：2
极 大 值：99 999 999.99
极 小 值：0

2.2.4.3.32 农产品铬含量范围上

字段代码：QC40331
字段名称：农产品铬含量范围上
英文名称：The high end of the range in agricultural product chromium content
释　　义：平行密码样品（农产品）中土壤铬含量最大值
数据类型：数值
量　　纲：mg/kg
数据长度：11
小 数 位：2
极 大 值：99 999 999.99
极 小 值：0

2.2.4.3.33 农产品铬含量范围下

字段代码：QC40332
字段名称：农产品铬含量范围下
英文名称：The low end of the range in agricultural product chromium content
释　　义：平行密码样品（农产品）中铬含量最小值
数据类型：数值
量　　纲：mg/kg

数据长度：11

小 数 位：2

极 大 值：99 999 999.99

极 小 值：0

2.2.4.3.34 农产品铜含量范围上

字段代码：QC40333

字段名称：农产品铜含量范围上

英文名称：The high end of the range in agricultural product copper content

释　　义：平行密码样品（农产品）中铜含量最大值

数据类型：数值

量　　纲：mg/kg

数据长度：11

小 数 位：2

极 大 值：99 999 999.99

极 小 值：0

2.2.4.3.35 农产品铜含量范围下

字段代码：QC40334

字段名称：农产品铜含量范围下

英文名称：The low end of the range in agricultural product copper content

释　　义：平行密码样品（农产品）中铜含量最小值

数据类型：数值

量　　纲：mg/kg

数据长度：11

小 数 位：2

极 大 值：99 999 999.99

极 小 值：0

2.2.4.3.36 农产品锌含量范围上

字段代码：QC40335

字段名称：农产品锌含量范围上
英文名称：The high end of the range in agricultural product zinc content
释　　义：平行密码样品（农产品）中锌含量最大值
数据类型：数值
量　　纲：mg/kg
数据长度：11
小 数 位：2
极 大 值：99 999 999.99
极 小 值：0

2.2.4.3.37 农产品锌含量范围下

字段代码：QC40336
字段名称：农产品锌含量范围下
英文名称：The low end of the range in agricultural product zinc content
释　　义：平行密码样品（农产品）中锌含量最小值
数据类型：数值
量　　纲：mg/kg
数据长度：11
小 数 位：2
极 大 值：99 999 999.99
极 小 值：0

2.2.4.3.38 农产品镍含量范围上

字段代码：QC40337
字段名称：农产品镍含量范围上
英文名称：The high end of the range in agricultural product nickel content
释　　义：平行密码样品（农产品）中镍含量最大值
数据类型：数值
量　　纲：mg/kg

数据长度：11

小 数 位：2

极 大 值：99 999 999.99

极 小 值：0

2.2.4.3.39 农产品镍含量范围下

字段代码：QC40338

字段名称：农产品镍含量范围下

英文名称：The low end of the range in agricultural product nickel content

释　　义：平行密码样品（农产品）中镍含量最小值

数据类型：数值

量　　纲：mg/kg

数据长度：11

小 数 位：2

极 大 值：99 999 999.99

极 小 值：0

2.2.4.4 定值监控样品表

2.2.4.4.1 样品类型

字段代码：CO20106

字段名称：样品类型

英文名称：Sample type

释　　义：定值监控样品类型

数据类型：文本

数据长度：255

备　　注：样品类型包括土壤、农产品两个类别

2.2.4.4.2 标准样品编号

字段代码：QC40401

字段名称：标准样品编号

英文名称：Standard sample number

释　　义：标准样品是具有足够均匀的一种或多种化学的、物

理的、生物学的工程技术或感官的等性能特征，经过技术鉴定，并附有有关性能数据证书的一批样品
数据类型：文本
数据长度：255

2.2.4.4.3 土壤镉含量范围上

字段代码：QC40402
字段名称：土壤镉含量范围上
英文名称：The high end of the range in soil cadmium content
释　　义：定值监控样品（土壤）中镉含量最大值
数据类型：数值
量　　纲：mg/kg
数据长度：11
小 数 位：3
极 大 值：9 999 999.999
极 小 值：0

2.2.4.4.4 土壤镉含量范围下

字段代码：QC40403
字段名称：土壤镉含量范围下
英文名称：The low end of the range in soil cadmium content
释　　义：定值监控样品（土壤）中镉含量最小值
数据类型：数值
量　　纲：mg/kg
数据长度：11
小 数 位：3
极 大 值：9 999 999.999
极 小 值：0

2.2.4.4.5 土壤汞含量范围上

字段代码：QC40404
字段名称：土壤汞含量范围上
英文名称：The high end of the range in soil mercury content

释　　义：定值监控样品（土壤）中汞含量最大值

数据类型：数值

量　　纲：mg/kg

数据长度：11

小 数 位：2

极 大 值：99 999 999.99

极 小 值：0

2.2.4.4.6　土壤汞含量范围下

字段代码：QC40405

字段名称：土壤汞含量范围下

英文名称：The low end of the range in soil mercury content

释　　义：定值监控样品（土壤）中汞含量最小值

数据类型：数值

量　　纲：mg/kg

数据长度：11

小 数 位：2

极 大 值：99 999 999.99

极 小 值：0

2.2.4.4.7　土壤砷含量范围上

字段代码：QC40406

字段名称：土壤砷含量范围上

英文名称：The high end of the range in soil arsenic content

释　　义：定值监控样品（土壤）中砷含量最大值

数据类型：数值

量　　纲：mg/kg

数据长度：11

小 数 位：2

极 大 值：99 999 999.99

极 小 值：0

2.2.4.4.8 土壤砷含量范围下

字段代码：QC40407
字段名称：土壤砷含量范围下
英文名称：The low end of the range in soil arsenic content
释　　义：定值监控样品（土壤）中砷含量最小值
数据类型：数值
量　　纲：mg/kg
数据长度：11
小 数 位：2
极 大 值：99 999 999.99
极 小 值：0

2.2.4.4.9 土壤铅含量范围上

字段代码：QC40408
字段名称：土壤铅含量范围上
英文名称：The high end of the range in soil lead content
释　　义：定值监控样品（土壤）中铅含量最大值
数据类型：数值
量　　纲：mg/kg
数据长度：11
小 数 位：1
极 大 值：999 999 999.9
极 小 值：0

2.2.4.4.10 土壤铅含量范围下

字段代码：QC40409
字段名称：土壤铅含量范围下
英文名称：The low end of the range in soil lead content
释　　义：定值监控样品（土壤）中铅含量最小值
数据类型：数值
量　　纲：mg/kg
数据长度：11

小 数 位：1
极 大 值：999 999 999.9
极 小 值：0

2.2.4.4.11 土壤铬含量范围上

字段代码：QC40410
字段名称：土壤铬含量范围上
英文名称：The high end of the range in soil chromium content
释　　义：定值监控样品（土壤）中铬含量最大值
数据类型：数值
量　　纲：mg/kg
数据长度：11
小 数 位：2
极 大 值：99 999 999.99
极 小 值：0

2.2.4.4.12 土壤铬含量范围下

字段代码：QC40411
字段名称：土壤铬含量范围下
英文名称：The low end of the range in soil chromium content
释　　义：定值监控样品（土壤）中铬含量最小值
数据类型：数值
量　　纲：mg/kg
数据长度：11
小 数 位：2
极 大 值：99 999 999.99
极 小 值：0

2.2.4.4.13 土壤铜含量范围上

字段代码：QC40412
字段名称：土壤铜含量范围上
英文名称：The high end of the range in soil copper content
释　　义：定值监控样品（土壤）中铜含量最大值

数据类型：数值
量　　纲：mg/kg
数据长度：11
小 数 位：1
极 大 值：999 999 999.9
极 小 值：0

2.2.4.4.14　土壤铜含量范围下

字段代码：QC40413
字段名称：土壤铜含量范围下
英文名称：The low end of the range in soil copper content
释　　义：定值监控样品（土壤）中铜含量最小值
数据类型：数值
量　　纲：mg/kg
数据长度：11
小 数 位：1
极 大 值：999 999 999.9
极 小 值：0

2.2.4.4.15　土壤锌含量范围上

字段代码：QC40414
字段名称：土壤锌含量范围上
英文名称：The high end of the range in soil zinc content
释　　义：定值监控样品（土壤）中锌含量最大值
数据类型：数值
量　　纲：mg/kg
数据长度：11
小 数 位：1
极 大 值：999 999 999.9
极 小 值：0

2.2.4.4.16　土壤锌含量范围下

字段代码：QC40415

字段名称：土壤锌含量范围下
英文名称：The low end of the range in soil zinc content
释　　义：定值监控样品（土壤）中锌含量最小值
数据类型：数值
量　　纲：mg/kg
数据长度：11
小 数 位：1
极 大 值：999 999 999.9
极 小 值：0

2.2.4.4.17 土壤镍含量范围上

字段代码：QC40416
字段名称：土壤镍含量范围上
英文名称：The high end of the range in soil nickel content
释　　义：定值监控样品（土壤）中镍含量最大值
数据类型：数值
量　　纲：mg/kg
数据长度：11
小 数 位：1
极 大 值：999 999 999.9
极 小 值：0

2.2.4.4.18 土壤镍含量范围下

字段代码：QC40417
字段名称：土壤镍含量范围下
英文名称：The low end of the range in soil nickel content
释　　义：定值监控样品（土壤）中镍含量最小值
数据类型：数值
量　　纲：mg/kg
数据长度：11
小 数 位：1
极 大 值：999 999 999.9

极 小 值：0

2.2.4.4.19 农产品镉含量范围上

字段代码：QC40418

字段名称：农产品镉含量范围上

英文名称：The high end of the range in agricultural product cadmium content

释　　义：定值监控样品（农产品）中镉含量最大值

数据类型：数值

量　　纲：mg/kg

数据长度：11

小 数 位：2

极 大 值：99 999 999.99

极 小 值：0

2.2.4.4.20 农产品镉含量范围下

字段代码：QC40419

字段名称：农产品镉含量范围下

英文名称：The low end of the range in agricultural product cadmium content

释　　义：定值监控样品（农产品）中镉含量最小值

数据类型：数值

量　　纲：mg/kg

数据长度：11

小 数 位：2

极 大 值：99 999 999.99

极 小 值：0

2.2.4.4.21 农产品汞含量范围上

字段代码：QC40420

字段名称：农产品汞含量范围上

英文名称：The high end of the range in agricultural product mercury content

释　　义：定值监控样品（农产品）中汞含量最大值
数据类型：数值
量　　纲：mg/kg
数据长度：11
小 数 位：2
极 大 值：99 999 999.99
极 小 值：0

2.2.4.4.22　农产品汞含量范围下

字段代码：QC40421
字段名称：农产品汞含量范围下
英文名称：The low end of the range in agricultural product mercury content
释　　义：定值监控样品（农产品）中汞含量最小值
数据类型：数值
量　　纲：mg/kg
数据长度：11
小 数 位：2
极 大 值：99 999 999.99
极 小 值：0

2.2.4.4.23　农产品砷含量范围上

字段代码：QC40422
字段名称：农产品砷含量范围上
英文名称：The high end of the range in agricultural product arsenic content
释　　义：定值监控样品（农产品）中砷含量最大值
数据类型：数值
量　　纲：mg/kg
数据长度：11
小 数 位：2
极 大 值：99 999 999.99

极 小 值：0

2.2.4.4.24 农产品砷含量范围下

字段代码：QC40423

字段名称：农产品砷含量范围下

英文名称：The low end of the range in agricultural product arsenic content

释　　义：定值监控样品（农产品）中砷含量最小值

数据类型：数值

量　　纲：mg/kg

数据长度：11

小 数 位：2

极 大 值：99 999 999.99

极 小 值：0

2.2.4.4.25 农产品铅含量范围上

字段代码：QC40424

字段名称：农产品铅含量范围上

英文名称：The high end of the range in agricultural product lead content

释　　义：定值监控样品（农产品）中铅含量最大值

数据类型：数值

量　　纲：mg/kg

数据长度：11

小 数 位：2

极 大 值：99 999 999.99

极 小 值：0

2.2.4.4.26 农产品铅含量范围下

字段代码：QC40425

字段名称：农产品铅含量范围下

英文名称：The low end of the range in agricultural product lead content

释　　义：定值监控样品（农产品）中铅含量最小值
数据类型：数值
量　　纲：mg/kg
数据长度：11
小 数 位：2
极 大 值：99 999 999.99
极 小 值：0

2.2.4.4.27　农产品铬含量范围上

字段代码：QC40426
字段名称：农产品铬含量范围上
英文名称：The high end of the range in agricultural product chromium content
释　　义：定值监控样品（农产品）中土壤铬含量最大值
数据类型：数值
量　　纲：mg/kg
数据长度：11
小 数 位：2
极 大 值：99 999 999.99
极 小 值：0

2.2.4.4.28　农产品铬含量范围下

字段代码：QC40427
字段名称：农产品铬含量范围下
英文名称：The low end of the range in agricultural product chromium content
释　　义：定值监控样品（农产品）中铬含量最小值
数据类型：数值
量　　纲：mg/kg
数据长度：11
小 数 位：2
极 大 值：99 999 999.99

极 小 值：0

2.2.4.4.29 农产品铜含量范围上

字段代码：QC40428

字段名称：农产品铜含量范围上

英文名称：The high end of the range in agricultural product copper content

释　　义：定值监控样品（农产品）中铜含量最大值

数据类型：数值

量　　纲：mg/kg

数据长度：11

小 数 位：2

极 大 值：99 999 999.99

极 小 值：0

2.2.4.4.30 农产品铜含量范围下

字段代码：QC40429

字段名称：农产品铜含量范围下

英文名称：The low end of the range in agricultural product copper content

释　　义：定值监控样品（农产品）中铜含量最小值

数据类型：数值

量　　纲：mg/kg

数据长度：11

小 数 位：2

极 大 值：99 999 999.99

极 小 值：0

2.2.4.4.31 农产品锌含量范围上

字段代码：QC40430

字段名称：农产品锌含量范围上

英文名称：The high end of the range in agricultural product zinc content

释　　义：定值监控样品（农产品）中锌含量最大值
数据类型：数值
量　　纲：mg/kg
数据长度：11
小 数 位：2
极 大 值：99 999 999.99
极 小 值：0

2.2.4.4.32　农产品锌含量范围下

字段代码：QC40431
字段名称：农产品锌含量范围下
英文名称：The low end of the range in agricultural product zinc content
释　　义：定值监控样品（农产品）中锌含量最小值
数据类型：数值
量　　纲：mg/kg
数据长度：11
小 数 位：2
极 大 值：99 999 999.99
极 小 值：0

2.2.4.4.33　农产品镍含量范围上

字段代码：QC40432
字段名称：农产品镍含量范围上
英文名称：The high end of the range in agricultural product nickel content
释　　义：定值监控样品（农产品）中镍含量最大值
数据类型：数值
量　　纲：mg/kg
数据长度：11
小 数 位：2
极 大 值：99 999 999.99

极 小 值：0

2.2.4.4.34　农产品镍含量范围下

字段代码：QC40433
字段名称：农产品镍含量范围下
英文名称：The low end of the range in agricultural product nickel content
释　　义：定值监控样品（农产品）中镍含量最小值
数据类型：数值
量　　纲：mg/kg
数据长度：11
小 数 位：2
极 大 值：99 999 999.99
极 小 值：0

2.2.5　检测功能模块

2.2.5.1　检测样品登记表

2.2.5.1.1　行政区划编码

字段代码：MA10105
字段名称：行政区划编码
英文名称：Administrative division code
释　　义：检测单位所在地的行政区划编码（到县级代码）
数据类型：文本
数据长度：255
备　　注：数据来自国家统计局数据库，行政区划编码是根据国家统计局发布的《统计用区划代码和城乡划分代码编制规则》编制，规定统计用区划代码和城乡划分代码分为两段 17 位，这里节选统计用区划代码使用，由 1～6 代码构成，其各代码表示为：第1～2 位，为省级代码；第 3～4 位，为地级代码；第 5～6 位，为县级代码

2.2.5.1.2　单位名称

字段代码：MA10301

字段名称：单位名称

英文名称：Unit name

释　　义：检测单位的名称

数据类型：文本

数据长度：255

2.2.5.1.3　单位编码

字段代码：MA10403

字段名称：单位编码

英文名称：Unit code

释　　义：检测单位编码

数据类型：数值

数据长度：11

小 数 位：0

极 大 值：99 999 999 999

极 小 值：0

2.2.5.1.4　任务编码

字段代码：CO20102

字段名称：任务编码

英文名称：Task code

释　　义：采样任务编码

数据类型：数值

数据长度：11

小 数 位：0

极 大 值：99 999 999 999

极 小 值：0

2.2.5.1.5　二维码

字段代码：CO20103

字段名称：二维码

英文名称：QR code
释　　义：检测样品的二维码
数据类型：文本
数据长度：255

2.2.5.1.6 采集编码

字段代码：CO20201
字段名称：采集编码
英文名称：Sample code
释　　义：采集样品编码
数据类型：数值
数据长度：11
小 数 位：0
极 大 值：99 999 999 999
极 小 值：0

2.2.5.1.7 批次编号

字段代码：DE50101
字段名称：批次编号
英文名称：Batch number
释　　义：检测样品所在批次号
数据类型：数值
数据长度：11
小 数 位：0
极 大 值：99 999 999 999
极 小 值：0

2.2.5.1.8 pH

字段代码：DE50102
字段名称：pH
英文名称：Soil acidity
释　　义：土壤酸碱度，代表土壤溶液中氢离子活度的负对数
数据类型：数值

量　　纲：无
数据长度：4
小 数 位：1
极 大 值：14.0
极 小 值：0

2.2.5.1.9　pH 检测方法

字段代码：QC40204
字段名称：pH 检测方法
英文名称：Detection method of pH
释　　义：土壤 pH 的检测方法
数据类型：文本
数据长度：255

2.2.5.1.10　CEC

字段代码：DE50103
字段名称：CEC
英文名称：Cation exchange capacity
释　　义：pH=7 条件下土壤胶体吸附的交换性阳离子最大值
数据类型：数值
量　　纲：cmol（+）/kg
数据长度：11
小 数 位：1
极 大 值：999 999 999.9
极 小 值：0

2.2.5.1.11　CEC 检测方法

字段代码：QC40205
字段名称：CEC 检测方法
英文名称：Detection method of CEC
释　　义：土壤阳离子交换量的检测方法
数据类型：文本

数据长度：255

2.2.5.1.12 有机质

字段代码：DE50104

字段名称：有机质

英文名称：Organic matter

释　　义：土壤中除碳酸盐以外的所有含碳化合物的总含量

数据类型：数值

量　　纲：g/kg

数据长度：11

小 数 位：1

极 大 值：999 999 999.9

极 小 值：0

2.2.5.1.13 有机质检测方法

字段代码：QC40206

字段名称：有机质检测方法

英文名称：Detection method of organic matter

释　　义：土壤有机质的检测方法

数据类型：文本

数据长度：255

2.2.5.1.14 机械组成

字段代码：DE50105

字段名称：土壤机械组成

英文名称：Soil mechanical composition

释　　义：自然土壤的矿物质是由大小不同的土粒组成的，各个粒级在土壤中所占的相对比例或质量分数，称为土壤机械组成，也称为土壤质地

数据类型：文本

数据长度：255

2.2.5.1.15 机械组成检测方法

字段代码：DE50106

字段名称：土壤机械组成检测方法
英文名称：Detection method of mechanical composition
释　　义：土壤机械组成的检测方法
数据类型：文本
数据长度：255

2.2.5.1.16　土壤容重

字段代码：DE50107
字段名称：土壤容重
英文名称：Soil bulk density
释　　义：在自然状态下单位容积土壤的烘干重量
数据类型：数值
量　　纲：g/cm^3
数据长度：11
小 数 位：2
极 大 值：99 999 999.99
极 小 值：0

2.2.5.1.17　土壤容重检测方法

字段代码：DE50108
字段名称：土壤容重检测方法
英文名称：Detection method of soil bulk density
释　　义：土壤容重的检测方法
数据类型：文本
数据长度：255

2.2.5.1.18　土壤含水量

字段代码：DE50109
字段名称：土壤含水量
英文名称：Soil water content
释　　义：单位数量的土壤所保持的水量
数据类型：数值
量　　纲：%

数据长度：4
小 数 位：1
极 大 值：100
极 小 值：0
备　　注：用重量百分比表示，即土壤中水分的重量占干土重量的百分比

2.2.5.1.19 土壤含水量检测方法

字段代码：DE50110
字段名称：土壤含水量检测方法
英文名称：Detection method of soil water content
释　　义：土壤含水量的检测方法
数据类型：文本
数据长度：255

2.2.5.1.20 土壤镉含量

字段代码：DE50111
字段名称：土壤镉含量
英文名称：Cadmium content in soil
释　　义：土壤中的镉含量
数据类型：数值
量　　纲：mg/kg
数据长度：11
小 数 位：3
极 大 值：9 999 999.999
极 小 值：0

2.2.5.1.21 土壤镉检测方法

字段代码：QC40207
字段名称：土壤镉检测方法
英文名称：Detection method of Cd in soil
释　　义：土壤镉含量的检测方法
数据类型：文本

数据长度：255

2.2.5.1.22 土壤汞含量

字段代码：DE50112

字段名称：土壤汞含量

英文名称：Mercury content in soil

释　　义：土壤中的汞含量

数据类型：数值

量　　纲：mg/kg

数据长度：11

小 数 位：2

极 大 值：99 999 999.99

极 小 值：0

2.2.5.1.23 土壤汞检测方法

字段代码：QC40208

字段名称：土壤汞检测方法

英文名称：Detection method of Hg in soil

释　　义：土壤汞含量的检测方法

数据类型：文本

数据长度：255

2.2.5.1.24 土壤砷含量

字段代码：DE50113

字段名称：土壤砷含量

英文名称：Arsenic content in soil

释　　义：土壤中的砷含量

数据类型：数值

量　　纲：mg/kg

数据长度：11

小 数 位：2

极 大 值：99 999 999.99

极 小 值：0

2.2.5.1.25 土壤砷检测方法

字段代码：QC40209
字段名称：土壤砷检测方法
英文名称：Detection method of As in soil
释　　义：土壤砷含量的检测方法
数据类型：文本
数据长度：255

2.2.5.1.26 土壤铅含量

字段代码：DE50114
字段名称：土壤铅含量
英文名称：Lead content in soil
释　　义：土壤中的铅含量
数据类型：数值
量　　纲：mg/kg
数据长度：11
小 数 位：1
极 大 值：999 999 999.9
极 小 值：0

2.2.5.1.27 土壤铅检测方法

字段代码：QC40210
字段名称：土壤铅检测方法
英文名称：Detection method of Pb in soil
释　　义：土壤铅含量的检测方法
数据类型：文本
数据长度：255

2.2.5.1.28 土壤铬含量

字段代码：DE50115
字段名称：土壤铬含量
英文名称：Chromium content in soil
释　　义：土壤中的铬含量

数据类型：数值
量　　纲：mg/kg
数据长度：11
小 数 位：2
极 大 值：99 999 999.99
极 小 值：0

2.2.5.1.29　土壤铬检测方法

字段代码：QC40211
字段名称：土壤铬检测方法
英文名称：Detection method of Cr in soil
释　　义：土壤铬含量的检测方法
数据类型：文本
数据长度：255

2.2.5.1.30　土壤铜含量

字段代码：DE50116
字段名称：土壤铜含量
英文名称：Copper content in soil
释　　义：土壤中的铜含量
数据类型：数值
量　　纲：mg/kg
数据长度：11
小 数 位：1
极 大 值：999 999 999.9
极 小 值：0

2.2.5.1.31　土壤铜检测方法

字段代码：QC40212
字段名称：土壤铜检测方法
英文名称：Detection method of Cu in soil
释　　义：土壤铜含量的检测方法
数据类型：文本

数据长度：255

2.2.5.1.32 土壤锌含量

字段代码：DE50117
字段名称：土壤锌含量
英文名称：Zinc content in soil
释　　义：土壤中的锌含量
数据类型：数值
量　　纲：mg/kg
数据长度：11
小 数 位：1
极 大 值：999 999 999.9
极 小 值：0

2.2.5.1.33 土壤锌检测方法

字段代码：QC40213
字段名称：土壤锌检测方法
英文名称：Detection method of Zn in soil
释　　义：土壤锌含量的检测方法
数据类型：文本
数据长度：255

2.2.5.1.34 土壤镍含量

字段代码：DE50118
字段名称：土壤镍含量
英文名称：Nickel content in soil
释　　义：土壤中的镍含量
数据类型：数值
量　　纲：mg/kg
数据长度：11
小 数 位：1
极 大 值：999 999 999.9
极 小 值：0

2.2.5.1.35　土壤镍检测方法

字段代码：QC40214

字段名称：土壤镍检测方法

英文名称：Detection method of Ni in soil

释　　义：土壤镍含量的检测方法

数据类型：文本

数据长度：255

2.2.5.1.36　农产品镉含量

字段代码：DE50119

字段名称：农产品镉含量

英文名称：Cadmium content of agricultural products

释　　义：农产品中的镉含量

数据类型：数值

量　　纲：mg/kg

数据长度：11

小 数 位：2

极 大 值：99 999 999.99

极 小 值：0

2.2.5.1.37　农产品镉检测方法

字段代码：QC40215

字段名称：农产品镉检测方法

英文名称：Detection method of Cd in agricultural products

释　　义：农产品中镉含量的检测方法

数据类型：文本

数据长度：255

2.2.5.1.38　农产品汞含量

字段代码：DE50120

字段名称：农产品汞含量

英文名称：Mercury content of agricultural products

释　　义：农产品中的汞含量

数据类型：数值
量　　纲：mg/kg
数据长度：11
小 数 位：2
极 大 值：99 999 999.99
极 小 值：0

2.2.5.1.39　农产品汞检测方法

字段代码：QC40216
字段名称：农产品汞检测方法
英文名称：Detection method of Hg in agricultural products
释　　义：农产品中汞含量的检测方法
数据类型：文本
数据长度：255

2.2.5.1.40　农产品砷含量

字段代码：DE50121
字段名称：农产品砷含量
英文名称：Arsenic content of agricultural products
释　　义：农产品中的砷含量
数据类型：数值
量　　纲：mg/kg
数据长度：11
小 数 位：2
极 大 值：99 999 999.99
极 小 值：0

2.2.5.1.41　农产品砷检测方法

字段代码：QC40217
字段名称：农产品砷检测方法
英文名称：Detection method of As in agricultural products
释　　义：农产品中砷含量的检测方法
数据类型：文本

数据长度：255

2.2.5.1.42　农产品铅含量

字段代码：DE50122

字段名称：农产品铅含量

英文名称：Lead content in agricultural products

释　　义：农产品中的铅含量

数据类型：数值

量　　纲：mg/kg

数据长度：11

小 数 位：2

极 大 值：99 999 999.99

极 小 值：0

2.2.5.1.43　农产品铅检测方法

字段代码：QC40218

字段名称：农产品铅检测方法

英文名称：Detection method of Pb in agricultural products

释　　义：农产品中铅含量的检测方法

数据类型：文本

数据长度：255

2.2.5.1.44　农产品铬含量

字段代码：DE50123

字段名称：农产品铬含量

英文名称：Chromium content in agricultural products

释　　义：农产品中的铬含量

数据类型：数值

量　　纲：mg/kg

数据长度：11

小 数 位：2

极 大 值：99 999 999.99

极 小 值：0

2.2.5.1.45 农产品铬检测方法

字段代码：QC40219

字段名称：农产品铬检测方法

英文名称：Detection method of Cr in agricultural products

释　　义：农产品中铬含量的检测方法

数据类型：文本

数据长度：255

2.2.5.1.46 农产品铜含量

字段代码：DE50124

字段名称：农产品铜含量

英文名称：Copper content in agricultural products

释　　义：农产品中的铜含量

数据类型：数值

量　　纲：mg/kg

数据长度：11

小 数 位：2

极 大 值：99 999 999.99

极 小 值：0

2.2.5.1.47 农产品铜检测方法

字段代码：QC40220

字段名称：农产品铜检测方法

英文名称：Detection method of Cu in agricultural products

释　　义：农产品中铜含量的检测方法

数据类型：文本

数据长度：255

2.2.5.1.48 农产品锌含量

字段代码：DE50125

字段名称：农产品锌含量

英文名称：Zinc content in agricultural products

释　　义：农产品中的锌含量

数据类型：数值
量　　纲：mg/kg
数据长度：11
小 数 位：2
极 大 值：99 999 999.99
极 小 值：0

2.2.5.1.49　农产品锌检测方法

字段代码：QC40221
字段名称：农产品锌检测方法
英文名称：Detection method of Zn in agricultural products
释　　义：农产品中锌含量的检测方法
数据类型：文本
数据长度：255

2.2.5.1.50　农产品镍含量

字段代码：DE50126
字段名称：农产品镍含量
英文名称：Nickel content in agricultural products
释　　义：农产品中的镍含量
数据类型：数值
量　　纲：mg/kg
数据长度：11
小 数 位：2
极 大 值：99 999 999.99
极 小 值：0

2.2.5.1.51　农产品镍检测方法

字段代码：QC40222
字段名称：农产品镍检测方法
英文名称：Detection method of Ni in agricultural products
释　　义：农产品中镍含量的检测方法
数据类型：文本

数据长度：255

2.2.5.1.52　是否通过

字段代码：DE50127

字段名称：是否通过

英文名称：Whether pass

释　　义：单个样品检测数据是否通过审核

数据类型：文本

数据长度：255

备　　注：用“是”、“否”表示

2.2.5.1.53　记录人

字段代码：DE50128

字段名称：记录人

英文名称：Recorder

释　　义：记录人姓名

数据类型：文本

数据长度：255

2.2.5.1.54　记录时间

字段代码：DE50129

字段名称：记录时间

英文名称：Record time

释　　义：记录检测样品入库的时间

数据类型：时间

数据长度：20

备　　注：表示格式：yyyy－mm－dd hh：mi：ss

2.2.5.2　检测数据审核表

2.2.5.2.1　行政区划编码

字段代码：MA10105

字段名称：行政区划编码

英文名称：Administrative division code

释　　义：检测单位所在地的行政区划编码（到县级代码）

数据类型：文本

数据长度：255

备　　注：数据来自国家统计局数据库，行政区划编码是根据国家统计局发布的《统计用区划代码和城乡划分代码编制规则》编制，规定统计用区划代码和城乡划分代码分为两段 17 位，这里节选统计用区划代码使用，由 1～6 代码构成，其各代码表示为：第1～2 位，为省级代码；第 3～4 位，为地级代码；第 5～6 位，为县级代码

2.2.5.2.2　单位名称

字段代码：MA10301

字段名称：单位名称

英文名称：Unit name

释　　义：检测单位的名称

数据类型：文本

数据长度：255

2.2.5.2.3　批次编号

字段代码：DE50101

字段名称：批次编号

英文名称：Batch number

释　　义：检测样品所在批次号

数据类型：数值

数据长度：11

小 数 位：0

极 大 值：99 999 999 999

极 小 值：0

2.2.5.2.4　审核时间

字段代码：DE50201

字段名称：审核时间

英文名称：Detection time

释　　义：样品检测数据审核时间
数据类型：时间
数据长度：20
备　　注：表示格式：yyyy－mm－dd hh：mi：ss

2.2.5.2.5 是否合格

字段代码：DE50202
字段名称：是否合格
英文名称：Whether pass
释　　义：某一批次样品的检测数据是否合格
数据类型：文本
数据长度：255
备　　注：用“是”、“否”表示

2.2.5.2.6 审核次数

字段代码：DE50203
字段名称：审核次数
英文名称：Audit count
释　　义：某一批次样品检测数据的审核次数
数据类型：数值
量　　纲：次
数据长度：11
小 数 位：0
极 大 值：99 999 999 999
极 小 值：0

2.2.5.2.7 数据审核意见处理机构

字段代码：DE50204
字段名称：数据审核意见处理机构
英文名称：Processing agencies of the audit opinion
释　　义：对监测数据进行审核并对审核意见进行处理的机构
数据类型：文本
数据长度：255

2.2.5.2.8 数据审核意见处理结果

字段代码：DE50205

字段名称：数据审核意见处理结果

英文名称：Processing results of audit opinion

释　　义：对检测数据审核意见的处理结果

数据类型：文本

数据长度：255

2.2.5.2.9 数据审核意见处理原因说明

字段代码：DE50206

字段名称：数据审核意见处理原因说明

英文名称：Explanation of processing reason on audit opinion

释　　义：对检测数据的审核意见进行某种处理的原因

数据类型：文本

数据长度：255

2.2.5.3 检测样品进度表

2.2.5.3.1 行政区划编码

字段代码：MA10105

字段名称：行政区划编码

英文名称：Administrative division code

释　　义：行政区划编码（到县级代码）

数据类型：文本

数据长度：255

备　　注：数据来自国家统计局数据库，行政区划编码是根据国家统计局发布的《统计用区划代码和城乡划分代码编制规则》编制，规定统计用区划代码和城乡划分代码分为两段 17 位，这里节选统计用区划代码使用，由 1～6 代码构成，其各代码表示为：第1～2 位，为省级代码；第 3～4 位，为地级代码；第 5～6 位，为县级代码

2.2.5.3.2 单位名称

字段代码：MA10301
字段名称：单位名称
英文名称：Unit name
释　　义：执行样品检测任务的单位名称
数据类型：文本
数据长度：255

2.2.5.3.3 任务编码

字段代码：CO20102
字段名称：任务编码
英文名称：Task code
释　　义：采样任务编码
数据类型：数值
数据长度：11
小 数 位：0
极 大 值：99 999 999 999
极 小 值：0

2.2.5.3.4 土壤检测样品总量

字段代码：DE50301
字段名称：土壤检测样品总量
英文名称：Total amount of soil test samples
释　　义：土壤检测样品的总量
数据类型：数值
量　　纲：个
数据长度：11
小 数 位：0
极 大 值：99 999 999 999
极 小 值：0

2.2.5.3.5 已完成土壤检测样品数量

字段代码：DE50302

字段名称：已完成土壤检测样品数量
英文名称：The amount of completed soil test samples
释　　义：已完成的土壤检测样品的数量
数据类型：数值
量　　纲：个
数据长度：11
小 数 位：0
极 大 值：99 999 999 999
极 小 值：0

2.2.5.3.6　未完成土壤检测样品数量

字段代码：DE50303
字段名称：未完成土壤检测样品数量
英文名称：The amount of unfinished soil test samples
释　　义：未完成的土壤检测样品的数量
数据类型：数值
量　　纲：个
数据长度：11
小 数 位：0
极 大 值：99 999 999 999
极 小 值：0

2.2.5.3.7　土壤检测执行进度

字段代码：DE50304
字段名称：土壤检测执行进度
英文名称：Execution progress of soil test samples
释　　义：土壤检测样品的执行进度
数据类型：数值
量　　纲：无
数据长度：5
小 数 位：1
极 大 值：100.0

极 小 值：0

2.2.5.3.8 农产品检测样品总量

字段代码：DE50305

字段名称：农产品检测样品总量

英文名称：Total amount of test samples of agricultural product

释　　义：农产品检测样品的总量

数据类型：数值

量　　纲：个

数据长度：11

小 数 位：0

极 大 值：99 999 999 999

极 小 值：0

2.2.5.3.9 已完成农产品检测样品数量

字段代码：DE50306

字段名称：已完成农产品检测样品数量

英文名称：The amount of completed test samples of agricultural product

释　　义：已完成的农产品检测样品的数量

数据类型：数值

量　　纲：个

数据长度：11

小 数 位：0

极 大 值：99 999 999 999

极 小 值：0

2.2.5.3.10 未完成农产品检测样品数量

字段代码：DE50307

字段名称：未完成农产品检测样品数量

英文名称：The amount of unfinished test samples of agricultural product

释　　义：未完成的农产品检测样品的数量
数据类型：数值
量　　纲：个
数据长度：11
小 数 位：0
极 大 值：99 999 999 999
极 小 值：0

2.2.5.3.11　农产品检测执行进度

字段代码：DE50308
字段名称：农产品检测执行进度
英文名称：Execution progress of test samples of agricultural product
释　　义：农产品检测样品的执行进度
数据类型：数值
量　　纲：无
数据长度：5
小 数 位：1
极 大 值：100.0
极 小 值：0

2.2.6　数据统计分析与评估功能模块

2.2.6.1　空间分布图

2.2.6.1.1　行政单位所在地点位图

图层代码：AD201
图层名称：行政单位所在地点位图
英文名称：Administrative unit seat site map
图形类型：矢量
要素类型：点
资料来源：民政部门
备　　注：国家级、省级、市级、县级行政单位所在地

2.2.6.1.2 行政界线图

图层代码：AD202

图层名称：行政界线图

英文名称：Administrative district boundary map

图形类型：矢量

要素类型：线

资料来源：民政部门

备　　注：中国、省级、市级、县级行政界线划图

2.2.6.1.3 辖区边界图

图层代码：AD203

图层名称：辖区边界图

英文名称：Jurisdiction boundary map

图形类型：矢量

要素类型：多边形

备　　注：从行政区划图中提取

2.2.6.1.4 面状水系图

图层代码：GE201

图层名称：面状水系图

英文名称：Surface water map

图形类型：矢量

要素类型：多边形

资料来源：水利部门

2.2.6.1.5 线状水系图

图层代码：GE202

图层名称：线状水系图

英文名称：Linear water map

图形类型：矢量

要素类型：线

资料来源：水利部门

2.2.6.1.6　农用地地块图

图层代码：LU201

图层名称：农用地地块图

英文名称：Farmland plot map

图形类型：矢量

要素类型：多边形

资料来源：国土部门

备　　注：从土地利用现状图提取农用地部分

2.2.6.1.7　非农用地地块图

图层代码：LU202

图层名称：非农用地地块图

英文名称：Non-farmland plot map

图形类型：矢量

要素类型：多边形

资料来源：国土部门

备　　注：从土地利用现状图提取非农用地部分

2.2.6.1.8　土壤耕层质地分区图

图层代码：SB201

图层名称：土壤耕层质地分区图

英文名称：Soil plow layer texture map

图形类型：矢量

要素类型：多边形

资料来源：农业部门

备　　注：结合土壤类型生成

2.2.6.1.9　农产品产地土壤环境质量例行监测区域三类重点区分布图

图层代码：SE201

图层名称：农产品产地土壤环境质量例行监测区域三类重点区分布图

英文名称：Three key areas distribution map of routine monitoring for soil environmental quality of agro-product area

图形类型：矢量

要素类型：面

资料来源：农业部门

2.2.6.1.10 农产品产地土壤环境质量例行监测采样点位分布图

图层代码：SE202

图层名称：农产品产地土壤环境质量例行监测采样点位分布图

英文名称：Sampling point distribution map of routine monitoring for soil environmental quality of agro-product area

图形类型：矢量

要素类型：点

资料来源：农业部门

备　　注：依据《采集信息登记表》

2.2.6.1.11 农产品产地土壤环境质量例行监测农作物种类分布图

图层代码：SE203

图层名称：农产品产地土壤环境质量例行监测农作物种类分布图

英文名称：Crop species distribution map of routine monitoring for soil environmental quality of agro-product area

图形类型：矢量

要素类型：点

资料来源：农业部门

备　　注：依据《采集信息登记表》

2.2.6.1.12 农产品产地土壤环境质量例行监测区域土壤 pH 分布图

图层代码：SE204

图层名称：农产品产地土壤环境质量例行监测区域土壤 pH 分布图

英文名称：Soil pH distribution map of routine monitoring for soil environmental quality of agro-product area

图形类型：栅格

要素类型：面

资料来源：农业部门

备　　注：通过调查点位数据生成

2.2.6.1.13　农产品产地土壤环境质量例行监测区域土壤 CEC 分布图

图层代码：SE205

图层名称：农产品产地土壤环境质量例行监测区域土壤 CEC 分布图

英文名称：Soil CEC distribution map of routine monitoring for soil environmental quality of agro-product area

图形类型：栅格

要素类型：面

资料来源：农业部门

备　　注：通过调查点位数据生成

2.2.6.1.14　农产品产地土壤环境质量例行监测区域土壤有机质含量分布图

图层代码：SE206

图层名称：农产品产地土壤环境质量例行监测区域土壤有机质含量分布图

英文名称：Soil organic matter content distribution map of routine monitoring for soil environmental quality of agro-product area

图形类型：栅格

要素类型：面

资料来源：农业部门

备　　注：通过调查点位数据生成

2.2.6.1.15　农产品产地土壤环境质量例行监测区域土壤镉含量分布图

图层代码：SE207

图层名称：农产品产地土壤环境质量例行监测区域土壤镉含量分布图

英文名称：Soil Cd content distribution map of routine monitoring for soil environmental quality of agro-product area

图形类型：栅格

要素类型：面

资料来源：农业部门

备　　注：通过调查点位数据生成

2.2.6.1.16　农产品产地土壤环境质量例行监测区域土壤汞含量分布图

图层代码：SE208

图层名称：农产品产地土壤环境质量例行监测区域土壤汞含量分布图

英文名称：Soil Hg content distribution map of routine monitoring for soil environmental quality of agro-product area

图形类型：栅格

要素类型：面

资料来源：农业部门

备　　注：通过调查点位数据生成

2.2.6.1.17　农产品产地土壤环境质量例行监测区域土壤砷含量分布图

图层代码：SE209

图层名称：农产品产地土壤环境质量例行监测区域土壤砷含量分布图

英文名称：Soil As content distribution map of routine monitoring for soil environmental quality of agro-product area

图形类型：栅格

要素类型：面

资料来源：农业部门

备　　注：通过调查点位数据生成

2.2.6.1.18　农产品产地土壤环境质量例行监测区域土壤铅含量分布图

图层代码：SE210

图层名称：农产品产地土壤环境质量例行监测区域土壤铅含量分布图

英文名称：Soil Pb content distribution map of routine monitoring for soil environmental quality of agro-product area

图形类型：栅格

要素类型：面

资料来源：农业部门

备　　注：通过调查点位数据生成

2.2.6.1.19　农产品产地土壤环境质量例行监测区域土壤铬含量分布图

图层代码：SE211

图层名称：农产品产地土壤环境质量例行监测区域土壤铬含量分布图

英文名称：Soil Cr content distribution map of routine monitoring for soil environmental quality of agro-product area

图形类型：栅格

要素类型：面

资料来源：农业部门

备　　注：通过调查点位数据生成

2.2.6.1.20 农产品产地土壤环境质量例行监测区域土壤铜含量分布图

图层代码：SE212

图层名称：农产品产地土壤环境质量例行监测区域土壤铜含量分布图

英文名称：Soil Cu content distribution map of routine monitoring for soil environmental quality of agro-product area

图形类型：栅格

要素类型：面

资料来源：农业部门

备　　注：通过调查点位数据生成

2.2.6.1.21 农产品产地土壤环境质量例行监测区域土壤锌含量分布图

图层代码：SE213

图层名称：农产品产地土壤环境质量例行监测区域土壤锌含量分布图

英文名称：Soil Zn content distribution map of routine monitoring for soil environmental quality of agro-product area

图形类型：栅格

要素类型：面

资料来源：农业部门

备　　注：通过调查点位数据生成

2.2.6.1.22 农产品产地土壤环境质量例行监测区域土壤镍含量分布图

图层代码：SE214

图层名称：农产品产地土壤环境质量例行监测区域土壤镍含量分布图

英文名称：Soil Ni content distribution map of routine monitoring for soil environmental quality of agro-product area

图形类型：栅格

要素类型：面

资料来源：农业部门

备　　注：通过调查点位数据生成

2.2.6.1.23　农产品产地土壤环境质量例行监测区域农产品镉超标情况分布图

图层代码：SE215

图层名称：农产品产地土壤环境质量例行监测区域农产品镉超标情况分布图

英文名称：Agricultural product Cd exceeding situation distribution map of routine monitoring for soil environmental quality of agro-product area

图形类型：栅格

要素类型：面

资料来源：农业部门

备　　注：通过调查点位数据生成

2.2.6.1.24　农产品产地土壤环境质量例行监测区域农产品汞超标情况分布图

图层代码：SE216

图层名称：农产品产地土壤环境质量例行监测区域农产品汞超标情况分布图

英文名称：Agricultural product Hg exceeding situation distribution map of routine monitoring for soil environmental quality of agro-product area

图形类型：栅格

要素类型：面

资料来源：农业部门

备　　注：通过调查点位数据生成

2.2.6.1.25 农产品产地土壤环境质量例行监测区域农产品砷超标情况分布图

图层代码：SE217

图层名称：农产品产地土壤环境质量例行监测区域农产品砷超标情况分布图

英文名称：Agricultural product As exceeding situation distribution map of routine monitoring for soil environmental quality of agro-product area

图形类型：栅格

要素类型：面

资料来源：农业部门

备　　注：通过调查点位数据生成

2.2.6.1.26 农产品产地土壤环境质量例行监测区域农产品铅超标情况分布图

图层代码：SE218

图层名称：农产品产地土壤环境质量例行监测区域农产品铅超标情况分布图

英文名称：Agricultural product Pb exceeding situation distribution map of routine monitoring for soil environmental quality of agro-product area

图形类型：栅格

要素类型：面

资料来源：农业部门

备　　注：通过调查点位数据生成

2.2.6.1.27 农产品产地土壤环境质量例行监测区域农产品铬超标情况分布图

图层代码：SE219

图层名称：农产品产地土壤环境质量例行监测区域农产品铬超标情况分布图

英文名称：Agricultural product Cr exceeding situation distribution map of routine monitoring for soil environmental quality of agro-product area

图形类型：栅格

要素类型：面

资料来源：农业部门

备　　注：通过调查点位数据生成

2.2.6.1.28 农产品产地土壤环境质量例行监测区域农产品铜超标情况分布图

图层代码：SE220

图层名称：农产品产地土壤环境质量例行监测区域农产品铜超标情况分布图

英文名称：Agricultural product Cu exceeding situation distribution map of routine monitoring for soil environmental quality of agro-product area

图形类型：栅格

要素类型：面

资料来源：农业部门

备　　注：通过调查点位数据生成

2.2.6.1.29 农产品产地土壤环境质量例行监测区域农产品锌超标情况分布图

图层代码：SE221

图层名称：农产品产地土壤环境质量例行监测区域农产品锌超标情况分布图

英文名称：Agricultural product Zn exceeding situation distribution map of routine monitoring for soil environmental quality of agro-product area

图形类型：栅格

要素类型：面

资料来源：农业部门

备　　注：通过调查点位数据生成

2.2.6.1.30 农产品产地土壤环境质量例行监测区域农产品镍超标情况分布图

图层代码：SE222

图层名称：农产品产地土壤环境质量例行监测区域农产品镍超标情况分布图

英文名称：Agricultural product Ni exceeding situation distribution map of routine monitoring for soil environmental quality of agro-product area

图形类型：栅格

要素类型：面

资料来源：农业部门

备　　注：通过调查点位数据生成

2.2.6.1.31 农产品产地土壤环境质量例行监测区域土壤重金属综合污染指数分布图

图层代码：SE223

图层名称：农产品产地土壤环境质量例行监测区域土壤重金属综合污染指数分布图

英文名称：Soil heavy metal comprehensive pollution index distribution map of routine monitoring for soil environmental quality of agro-product

图形类型：栅格

要素类型：面

资料来源：农业部门

备　　注：通过调查点位数据生成

2.2.6.1.32 农产品产地土壤环境质量例行监测区域土壤镉点位污染指数分布图

图层代码：SE224

图层名称：农产品产地土壤环境质量例行监测区域土壤镉点位污染指数分布图

英文名称：Soil Cd point pollution index distribution map of

routine monitoring for soil environmental quality of agro-product area

图形类型：栅格

要素类型：点

资料来源：农业部门

备　　注：通过调查点位数据生成

2.2.6.1.33 农产品产地土壤环境质量例行监测区域土壤汞点位污染指数分布图

图层代码：SE225

图层名称：农产品产地土壤环境质量例行监测区域土壤汞点位污染指数分布图

英文名称：Soil Hg point pollution index distribution map of routine monitoring for soil environmental quality of agro-product area

图形类型：栅格

要素类型：点

资料来源：农业部门

备　　注：通过调查点位数据生成

2.2.6.1.34 农产品产地土壤环境质量例行监测区域土壤砷点位污染指数分布图

图层代码：SE226

图层名称：农产品产地土壤环境质量例行监测区域土壤砷点位污染指数分布图

英文名称：Soil As point pollution index distribution map of routine monitoring for soil environmental quality of agro-product area

图形类型：栅格

要素类型：点

资料来源：农业部门

备　　注：通过调查点位数据生成

2.2.6.1.35 农产品产地土壤环境质量例行监测区域土壤铅点位污染指数分布图

图层代码：SE227

图层名称：农产品产地土壤环境质量例行监测区域土壤铅点位污染指数分布图

英文名称：Soil Pb point pollution index distribution map of routine monitoring for soil environmental quality of agro-product area

图形类型：栅格

要素类型：点

资料来源：农业部门

备　　注：通过调查点位数据生成

2.2.6.1.36 农产品产地土壤环境质量例行监测区域土壤铬点位污染指数分布图

图层代码：SE228

图层名称：农产品产地土壤环境质量例行监测区域土壤铬点位污染指数分布图

英文名称：Soil Cr point pollution index distribution map of routine monitoring for soil environmental quality of agro-product area

图形类型：栅格

要素类型：点

资料来源：农业部门

备　　注：通过调查点位数据生成

2.2.6.1.37 农产品产地土壤环境质量例行监测区域土壤铜点位污染指数分布图

图层代码：SE229

图层名称：农产品产地土壤环境质量例行监测区域土壤铜点位污染指数分布图

英文名称：Soil Cu point pollution index distribution map of

routine monitoring for soil environmental quality of agro-product area

图形类型：栅格

要素类型：点

资料来源：农业部门

备　　注：通过调查点位数据生成

2.2.6.1.38 农产品产地土壤环境质量例行监测区域土壤锌点位污染指数分布图

图层代码：SE230

图层名称：农产品产地土壤环境质量例行监测区域土壤锌点位污染指数分布图

英文名称：Soil Zn point pollution index distribution map of routine monitoring for soil environmental quality of agro-product area

图形类型：栅格

要素类型：点

资料来源：农业部门

备　　注：通过调查点位数据生成

2.2.6.1.39 农产品产地土壤环境质量例行监测区域土壤镍点位污染指数分布图

图层代码：SE231

图层名称：农产品产地土壤环境质量例行监测区域土壤镍点位污染指数分布图

英文名称：Soil Ni point pollution index distribution map of routine monitoring for soil environmental quality of agro-product area

图形类型：栅格

要素类型：点

资料来源：农业部门

备　　注：通过调查点位数据生成

2.2.6.1.40 农产品产地土壤环境质量例行监测区域土壤镉污染指数分布图

图层代码：SE232

图层名称：农产品产地土壤环境质量例行监测区域土壤镉污染指数分布图

英文名称：Soil Cd pollution index distribution map of routine monitoring for soil environmental quality of agro-product area

图形类型：栅格

要素类型：面

资料来源：农业部门

备　　注：通过调查点位数据生成

2.2.6.1.41 农产品产地土壤环境质量例行监测区域土壤汞污染指数分布图

图层代码：SE233

图层名称：农产品产地土壤环境质量例行监测区域土壤汞污染指数分布图

英文名称：Soil Hg pollution index distribution map of routine monitoring for soil environmental quality of agro-product area

图形类型：栅格

要素类型：面

资料来源：农业部门

备　　注：通过调查点位数据生成

2.2.6.1.42 农产品产地土壤环境质量例行监测区域土壤砷污染指数分布图

图层代码：SE234

图层名称：农产品产地土壤环境质量例行监测区域土壤砷污染指数分布图

英文名称：Soil As pollution index distribution map of routine

monitoring for soil environmental quality of agro-product area

图形类型：栅格

要素类型：面

资料来源：农业部门

备　　注：通过调查点位数据生成

2.2.6.1.43　农产品产地土壤环境质量例行监测区域土壤铅污染指数分布图

图层代码：SE235

图层名称：农产品产地土壤环境质量例行监测区域土壤铅污染指数分布图

英文名称：Soil Pb pollution index distribution map of routine monitoring for soil environmental quality of agro-product area

图形类型：栅格

要素类型：面

资料来源：农业部门

备　　注：通过调查点位数据生成

2.2.6.1.44　农产品产地土壤环境质量例行监测区域土壤铬污染指数分布图

图层代码：SE236

图层名称：农产品产地土壤环境质量例行监测区域土壤铬污染指数分布图

英文名称：Soil Cr pollution index distribution map of routine monitoring for soil environmental quality of agro-product area

图形类型：栅格

要素类型：面

资料来源：农业部门

备　　注：通过调查点位数据生成

2.2.6.1.45　农产品产地土壤环境质量例行监测区域土壤铜污染指数分布图

图层代码：SE237

图层名称：农产品产地土壤环境质量例行监测区域土壤铜污染指数分布图

英文名称：Soil Cu pollution index distribution map of routine monitoring for soil environmental quality of agro-product area

图形类型：栅格

要素类型：面

资料来源：农业部门

备　　注：通过调查点位数据生成

2.2.6.1.46　农产品产地土壤环境质量例行监测区域土壤锌污染指数分布图

图层代码：SE238

图层名称：农产品产地土壤环境质量例行监测区域土壤锌污染指数分布图

英文名称：Soil Zn pollution index distribution map of routine monitoring for soil environmental quality of agro-product area

图形类型：栅格

要素类型：面

资料来源：农业部门

备　　注：通过调查点位数据生成

2.2.6.1.47　农产品产地土壤环境质量例行监测区域土壤镍污染指数分布图

图层代码：SE239

图层名称：农产品产地土壤环境质量例行监测区域土壤镍污染指数分布图

英文名称：Soil Ni pollution index distribution map of routine

monitoring for soil environmental quality of agro-product area

图形类型：栅格

要素类型：面

资料来源：农业部门

备　　注：通过调查点位数据生成

2.2.6.1.48 农产品产地土壤环境质量例行监测区域土壤重金属综合累积指数分布图

图层代码：SE240

图层名称：农产品产地土壤环境质量例行监测区域土壤重金属综合累积指数分布图

英文名称：Soil heavy metal comprehensive accumulation index distribution map of routine monitoring for soil environmental quality of agro-product area

图形类型：栅格

要素类型：面

资料来源：农业部门

备　　注：通过调查点位数据生成

2.2.6.1.49 农产品产地土壤环境质量例行监测区域土壤镉点位累积指数分布图

图层代码：SE241

图层名称：农产品产地土壤环境质量例行监测区域土壤镉点位累积指数分布图

英文名称：Soil Cd point accumulation index distribution map of routine monitoring for soil environmental quality of agro-product area

图形类型：栅格

要素类型：点

资料来源：农业部门

备　　注：通过调查点位数据生成

2.2.6.1.50 农产品产地土壤环境质量例行监测区域土壤汞点位累积指数分布图

图层代码：SE242

图层名称：农产品产地土壤环境质量例行监测区域土壤汞点位累积指数分布图

英文名称：Soil Hg point accumulation index distribution map of routine monitoring for soil environmental quality of agro-product area

图形类型：栅格

要素类型：点

资料来源：农业部门

备　　注：通过调查点位数据生成

2.2.6.1.51 农产品产地土壤环境质量例行监测区域土壤砷点位累积指数分布图

图层代码：SE243

图层名称：农产品产地土壤环境质量例行监测区域土壤砷点位累积指数分布图

英文名称：Soil As point accumulation index distribution map of routine monitoring for soil environmental quality of agro-product area

图形类型：栅格

要素类型：点

资料来源：农业部门

备　　注：通过调查点位数据生成

2.2.6.1.52 农产品产地土壤环境质量例行监测区域土壤铅点位累积指数分布图

图层代码：SE244

图层名称：农产品产地土壤环境质量例行监测区域土壤铅点位累积指数分布图

英文名称：Soil Pb point accumulation index distribution map

of routine monitoring for soil environmental quality of agro-product area

图形类型：栅格

要素类型：点

资料来源：农业部门

备　　注：通过调查点位数据生成

2.2.6.1.53　农产品产地土壤环境质量例行监测区域土壤铬点位累积指数分布图

图层代码：SE245

图层名称：农产品产地土壤环境质量例行监测区域土壤铬点位累积指数分布图

英文名称：Soil Cr point accumulation index distribution map of routine monitoring for soil environmental quality of agro-product area

图形类型：栅格

要素类型：点

资料来源：农业部门

备　　注：通过调查点位数据生成

2.2.6.1.54　农产品产地土壤环境质量例行监测区域土壤铜点位累积指数分布图

图层代码：SE246

图层名称：农产品产地土壤环境质量例行监测区域土壤铜点位累积指数分布图

英文名称：Soil Cu point accumulation index distribution map of routine monitoring for soil environmental quality of agro-product area

图形类型：栅格

要素类型：点

资料来源：农业部门

备　　注：通过调查点位数据生成

2.2.6.1.55 农产品产地土壤环境质量例行监测区域土壤锌点位累积指数分布图

图层代码：SE247

图层名称：农产品产地土壤环境质量例行监测区域土壤锌点位累积指数分布图

英文名称：Soil Zn point accumulation index distribution map of routine monitoring for soil environmental quality of agro-product area

图形类型：栅格

要素类型：点

资料来源：农业部门

备　　注：通过调查点位数据生成

2.2.6.1.56 农产品产地土壤环境质量例行监测区域土壤镍点位累积指数分布图

图层代码：SE248

图层名称：农产品产地土壤环境质量例行监测区域土壤镍点位累积指数分布图

英文名称：Soil Ni point accumulation index distribution map of routine monitoring for soil environmental quality of agro-product area

图形类型：栅格

要素类型：点

资料来源：农业部门

备　　注：通过调查点位数据生成

2.2.6.1.57 农产品产地土壤环境质量例行监测区域土壤镉累积指数分布图

图层代码：SE249

图层名称：农产品产地土壤环境质量例行监测区域土壤镉累积指数分布图

英文名称：Soil Cd accumulation index distribution map of

routine monitoring for soil environmental quality of agro-product area

图形类型：栅格

要素类型：面

资料来源：农业部门

备　　注：通过调查点位数据生成

2.2.6.1.58　农产品产地土壤环境质量例行监测区域土壤汞累积指数分布图

图层代码：SE250

图层名称：农产品产地土壤环境质量例行监测区域土壤汞累积指数分布图

英文名称：Soil Hg accumulation index distribution map of routine monitoring for soil environmental quality of agro-product area

图形类型：栅格

要素类型：面

资料来源：农业部门

备　　注：通过调查点位数据生成

2.2.6.1.59　农产品产地土壤环境质量例行监测区域土壤砷累积指数分布图

图层代码：SE251

图层名称：农产品产地土壤环境质量例行监测区域土壤砷累积指数分布图

英文名称：Soil As accumulation index distribution map of routine monitoring for soil environmental quality of agro-product area

图形类型：栅格

要素类型：面

资料来源：农业部门

备　　注：通过调查点位数据生成

2.2.6.1.60　农产品产地土壤环境质量例行监测区域土壤铅累积指数分布图

图层代码：SE252

图层名称：农产品产地土壤环境质量例行监测区域土壤铅累积指数分布图

英文名称：Soil Pb accumulation index distribution map of routine monitoring for soil environmental quality of agro-product area

图形类型：栅格

要素类型：面

资料来源：农业部门

备　　注：通过调查点位数据生成

2.2.6.1.61　农产品产地土壤环境质量例行监测区域土壤铬累积指数分布图

图层代码：SE253

图层名称：农产品产地土壤环境质量例行监测区域土壤铬累积指数分布图

英文名称：Soil Cr accumulation index distribution map of routine monitoring for soil environmental quality of agro-product area

图形类型：栅格

要素类型：面

资料来源：农业部门

备　　注：通过调查点位数据生成

2.2.6.1.62　农产品产地土壤环境质量例行监测区域土壤铜累积指数分布图

图层代码：SE254

图层名称：农产品产地土壤环境质量例行监测区域土壤铜累积指数分布图

英文名称：Soil Cu accumulation index distribution map of

routine monitoring for soil environmental quality of agro-product area

图形类型：栅格

要素类型：面

资料来源：农业部门

备　　注：通过调查点位数据生成

2.2.6.1.63　农产品产地土壤环境质量例行监测区域土壤锌累积指数分布图

图层代码：SE255

图层名称：农产品产地土壤环境质量例行监测区域土壤锌累积指数分布图

英文名称：Soil Zn accumulation index distribution map of routine monitoring for soil environmental quality of agro-product area

图形类型：栅格

要素类型：面

资料来源：农业部门

备　　注：通过调查点位数据生成

2.2.6.1.64　农产品产地土壤环境质量例行监测区域土壤镍累积指数分布图

图层代码：SE256

图层名称：农产品产地土壤环境质量例行监测区域土壤镍累积指数分布图

英文名称：Soil Ni accumulation index distribution map of routine monitoring for soil environmental quality of agro-product area

图形类型：栅格

要素类型：面

资料来源：农业部门

备　　注：通过调查点位数据生成

2.2.6.1.65 耕地质量类别划分图

图层代码：SE257

图层名称：耕地质量类别划分图

英文名称：Cultivated land quality classification map

图形类型：栅格

要素类型：面

资料来源：农业部门

备　　注：通过调查点位数据生成，划分为优先保护类、安全利用类、严格管控类三个类别

2.2.6.2 农产品产地土壤环境质量例行监测区域土壤 pH 统计表

2.2.6.2.1 行政区划编码

字段代码：MA10105

字段名称：行政区划编码

英文名称：Administrative division code

释　　义：行政区划编码（到县级代码）

数据类型：文本

数据长度：255

备　　注：数据来自国家统计局数据库，行政区划编码是根据国家统计局发布的《统计用区划代码和城乡划分代码编制规则》编制，规定统计用区划代码和城乡划分代码分为两段 17 位，这里节选统计用区划代码使用，由 1～6 代码构成，其各代码表示为：第1～2 位，为省级代码；第 3～4 位，为地级代码；第 5～6 位，为县级代码

2.2.6.2.2 任务编码

字段代码：CO20102

字段名称：任务编码

英文名称：Task code

释　　义：采样任务编码

数据类型：数值

数据长度：11
小 数 位：0
极 大 值：99 999 999 999
极 小 值：0

2.2.6.2.3 pH 最大值

字段代码：SA60101
字段名称：pH 最大值
英文名称：pH maximum
释　　义：农产品产地土壤环境质量例行监测区域土壤 pH 最大值
数据类型：数值
量　　纲：无
数据长度：4
小 数 位：1
极 大 值：14.0
极 小 值：0

2.2.6.2.4 pH 最小值

字段代码：SA60102
字段名称：pH 最小值
英文名称：pH minimum
释　　义：农产品产地土壤环境质量例行监测区域土壤 pH 最小值
数据类型：数值
量　　纲：无
数据长度：4
小 数 位：1
极 大 值：14.0
极 小 值：0

2.2.6.2.5 pH 算数平均值

字段代码：SA60103

字段名称：pH 算数平均值

英文名称：pH arithmetic mean

释　　义：农产品产地土壤环境质量例行监测区域土壤 pH 算术平均值，又称均值

数据类型：数值

量　　纲：无

数据长度：4

小 数 位：1

极 大 值：14.0

极 小 值：0

2.2.6.2.6　pH 标准偏差

字段代码：SA60104

字段名称：pH 标准偏差

英文名称：pH standard deviation

释　　义：农产品产地土壤环境质量例行监测区域土壤 pH 的标准偏差，用来衡量数据值偏离算术平均值的程度

数据类型：数值

量　　纲：无

数据长度：4

小 数 位：1

极 大 值：14.0

极 小 值：0

2.2.6.2.7　pH 25%分位值

字段代码：SA60105

字段名称：pH 25%分位值

英文名称：pH 25% quartile

释　　义：四分位数是通过 3 个点将全部数据等分为 4 部分，其中每部分包含 25%的数据，25%分位值表示农产品产地土壤环境质量例行监测区域土壤 pH 上四分位值

数据类型：数值
量　　纲：无
数据长度：4
小 数 位：1
极 大 值：14.0
极 小 值：0

2.2.6.2.8　pH 中位值

字段代码：SA60106
字段名称：pH 中位值
英文名称：pH median value
释　　义：农产品产地土壤环境质量例行监测区域土壤 pH 数据中居于中间位置的数值
数据类型：数值
量　　纲：无
数据长度：4
小 数 位：1
极 大 值：14.0
极 小 值：0

2.2.6.2.9　pH 75%分位值

字段代码：SA60107
字段名称：pH 75%分位值
英文名称：pH 75% quantile
释　　义：四分位数是通过 3 个点将全部数据等分为 4 部分，其中每部分包含 25%的数据，75%分位值表示农产品产地土壤环境质量例行监测区域土壤 pH 下四分位值
数据类型：数值
量　　纲：无
数据长度：4
小 数 位：1

极 大 值：14.0

极 小 值：0

2.2.6.2.10 pH 几何平均值

字段代码：SA60108

字段名称：pH 几何平均值

英文名称：pH geometric mean

释　　义：农产品产地土壤环境质量例行监测区域土壤 pH 的几何平均值，n 个数据值连乘积的 n 次方根

数据类型：数值

量　　纲：无

数据长度：4

小 数 位：1

极 大 值：14.0

极 小 值：0

2.2.6.2.11 pH 几何标准偏差

字段代码：SA60109

字段名称：pH 几何标准偏差

英文名称：pH geometric standard deviation

释　　义：农产品产地土壤环境质量例行监测区域土壤 pH 的几何标准偏差

数据类型：数值

量　　纲：无

数据长度：4

小 数 位：1

极 大 值：14.0

极 小 值：0

2.2.6.3 农产品产地土壤环境质量例行监测区域土壤 CEC 统计表

2.2.6.3.1 行政区划编码

字段代码：MA10105

字段名称：行政区划编码

英文名称：Administrative division code
释　　义：行政区划编码（到县级代码）
数据类型：文本
数据长度：255
备　　注：数据来自国家统计局数据库，行政区划编码是根据国家统计局发布的《统计用区划代码和城乡划分代码编制规则》编制，规定统计用区划代码和城乡划分代码分为两段 17 位，这里节选统计用区划代码使用，由 1～6 代码构成，其各代码表示为：第1～2 位，为省级代码；第 3～4 位，为地级代码；第 5～6 位，为县级代码

2.2.6.3.2 任务编码

字段代码：CO20102
字段名称：任务编码
英文名称：Task code
释　　义：采样任务编码
数据类型：数值
数据长度：11
小 数 位：0
极 大 值：99 999 999 999
极 小 值：0

2.2.6.3.3 CEC 最大值

字段代码：SA60201
字段名称：CEC 最大值
英文名称：CEC maximum
释　　义：农产品产地土壤环境质量例行监测区域土壤 CEC 最大值
数据类型：数值
量　　纲：cmol（+）/kg
数据长度：11

小 数 位：1

极 大 值：999 999 999.9

极 小 值：0

2.2.6.3.4 CEC 最小值

字段代码：SA60202

字段名称：CEC 最小值

英文名称：CEC minimum

释　　义：农产品产地土壤环境质量例行监测区域土壤 CEC 最小值

数据类型：数值

量　　纲：cmol（+）/kg

数据长度：11

小 数 位：1

极 大 值：999 999 999.9

极 小 值：0

2.2.6.3.5 CEC 算数平均值

字段代码：SA60203

字段名称：CEC 算数平均值

英文名称：CEC arithmetic mean

释　　义：农产品产地土壤环境质量例行监测区域土壤 CEC 算术平均值，又称均值

数据类型：数值

量　　纲：cmol（+）/kg

数据长度：11

小 数 位：1

极 大 值：999 999 999.9

极 小 值：0

2.2.6.3.6 CEC 标准偏差

字段代码：SA60204

字段名称：CEC 标准偏差

英文名称：CEC standard deviation
释　　义：农产品产地土壤环境质量例行监测区域土壤 CEC 的标准偏差，用来衡量数据值偏离算术平均值的程度
数据类型：数值
量　　纲：cmol（+）/kg
数据长度：11
小 数 位：1
极 大 值：999 999 999.9
极 小 值：0

2.2.6.3.7　CEC 25%分位值

字段代码：SA60205
字段名称：CEC 25%分位值
英文名称：CEC 25% quartile
释　　义：四分位数是通过 3 个点将全部数据等分为 4 部分，其中每部分包含 25%的数据，25%分位值表示农产品产地土壤环境质量例行监测区域土壤 CEC 上四分位值
数据类型：数值
量　　纲：cmol（+）/kg
数据长度：11
小 数 位：1
极 大 值：999 999 999.9
极 小 值：0

2.2.6.3.8　CEC 中位值

字段代码：SA60206
字段名称：CEC 中位值
英文名称：CEC median value
释　　义：农产品产地土壤环境质量例行监测区域土壤 CEC 数据中居于中间位置的数值

数据类型：数值
量　　纲：cmol（+）/kg
数据长度：11
小 数 位：1
极 大 值：999 999 999.9
极 小 值：0

2.2.6.3.9　CEC 75%分位值

字段代码：SA60207
字段名称：CEC 75%分位值
英文名称：CEC 75% quantile
释　　义：四分位数是通过 3 个点将全部数据等分为 4 部分，其中每部分包含 25%的数据，75%分位值表示农产品产地土壤环境质量例行监测区域土壤 CEC 下四分位值
数据类型：数值
量　　纲：cmol（+）/kg
数据长度：11
小 数 位：1
极 大 值：999 999 999.9
极 小 值：0

2.2.6.3.10　CEC 几何平均值

字段代码：SA60208
字段名称：CEC 几何平均值
英文名称：CEC geometric mean
释　　义：农产品产地土壤环境质量例行监测区域土壤 CEC 的几何平均值，表示 n 个数据值连乘积的 n 次方根
数据类型：数值
量　　纲：cmol（+）/kg
数据长度：11
小 数 位：1

极 大 值：999 999 999.9

极 小 值：0

2.2.6.3.11 CEC几何标准偏差

字段代码：SA60209

字段名称：CEC几何标准偏差

英文名称：CEC geometric standard deviation

释　　义：农产品产地土壤环境质量例行监测区域土壤CEC的几何标准偏差

数据类型：数值

量　　纲：cmol（+)/kg

数据长度：11

小 数 位：1

极 大 值：999 999 999.9

极 小 值：0

2.2.6.4 农产品产地土壤环境质量例行监测区域土壤有机质含量统计表

2.2.6.4.1 行政区划编码

字段代码：MA10105

字段名称：行政区划编码

英文名称：Administrative division code

释　　义：行政区划编码（到县级代码）

数据类型：文本

数据长度：255

备　　注：数据来自国家统计局数据库，行政区划编码是根据国家统计局发布的《统计用区划代码和城乡划分代码编制规则》编制，规定统计用区划代码和城乡划分代码分为两段17位，这里节选统计用区划代码使用，由1～6代码构成，其各代码表示为：第1～2位，为省级代码；第3～4位，为地级代码；第5～6位，为县级代码

2.2.6.4.2 任务编码

字段代码：CO20102
字段名称：任务编码
英文名称：Task code
释　　义：采样任务编码
数据类型：数值
数据长度：11
小 数 位：0
极 大 值：99 999 999 999
极 小 值：0

2.2.6.4.3 有机质含量最大值

字段代码：SA60301
字段名称：有机质含量最大值
英文名称：Organic matter maximum
释　　义：农产品产地土壤环境质量例行监测区域土壤有机质含量最大值
数据类型：数值
量　　纲：g/kg
数据长度：11
小 数 位：1
极 大 值：999 999 999.9
极 小 值：0

2.2.6.4.4 有机质含量最小值

字段代码：SA60302
字段名称：有机质含量最小值
英文名称：Organic matter minimum
释　　义：农产品产地土壤环境质量例行监测区域土壤有机质含量最小值
数据类型：数值
量　　纲：g/kg

数据长度：11
小 数 位：1
极 大 值：999 999 999.9
极 小 值：0

2.2.6.4.5　有机质含量算数平均值

字段代码：SA60303
字段名称：有机质含量算数平均值
英文名称：Organic matter arithmetic mean
释　　义：农产品产地土壤环境质量例行监测区域土壤有机质含量算术平均值，又称均值
数据类型：数值
量　　纲：g/kg
数据长度：11
小 数 位：1
极 大 值：999 999 999.9
极 小 值：0

2.2.6.4.6　有机质含量标准偏差

字段代码：SA60304
字段名称：有机质含量标准偏差
英文名称：Organic matter standard deviation
释　　义：农产品产地土壤环境质量例行监测区域土壤有机质含量的标准偏差，用来衡量数据值偏离算术平均值的程度
数据类型：数值
量　　纲：g/kg
数据长度：11
小 数 位：1
极 大 值：999 999 999.9
极 小 值：0

2.2.6.4.7 有机质含量25%分位值

字段代码：SA60305

字段名称：有机质含量25%分位值

英文名称：Organic matter 25% quartile

释　　义：四分位数是通过3个点将全部数据等分为4部分，其中每部分包含25%的数据，25%分位值表示农产品产地土壤环境质量例行监测区域土壤有机质含量上四分位值

数据类型：数值

量　　纲：g/kg

数据长度：11

小 数 位：1

极 大 值：999 999 999.9

极 小 值：0

2.2.6.4.8 有机质含量中位值

字段代码：SA60306

字段名称：有机质含量中位值

英文名称：Organic matter median value

释　　义：农产品产地土壤环境质量例行监测区域土壤有机质含量数据中居于中间位置的数值

数据类型：数值

量　　纲：g/kg

数据长度：11

小 数 位：1

极 大 值：999 999 999.9

极 小 值：0

2.2.6.4.9 有机质含量75%分位值

字段代码：SA60307

字段名称：有机质含量75%分位值

英文名称：Organic matter 75% quantile

释　　义：四分位数是通过 3 个点将全部数据等分为 4 部分，其中每部分包含 25%的数据，75%分位值表示农产品产地土壤环境质量例行监测区域土壤有机质含量下四分位值
数据类型：数值
量　　纲：g/kg
数据长度：11
小 数 位：1
极 大 值：999 999 999.9
极 小 值：0

2.2.6.4.10　有机质含量几何平均值

字段代码：SA60308
字段名称：有机质含量几何平均值
英文名称：Organic matter geometric mean
释　　义：农产品产地土壤环境质量例行监测区域土壤有机质含量的几何平均值，表示 n 个数据值连乘积的 n 次方根
数据类型：数值
量　　纲：g/kg
数据长度：11
小 数 位：1
极 大 值：999 999 999.9
极 小 值：0

2.2.6.4.11　有机质含量几何标准偏差

字段代码：SA60309
字段名称：有机质含量几何标准偏差
英文名称：Organic matter geometric standard deviation
释　　义：农产品产地土壤环境质量例行监测区域土壤有机质含量几何标准偏差
数据类型：数值

量　　纲：g/kg

数据长度：11

小 数 位：1

极 大 值：999 999 999.9

极 小 值：0

2.2.6.5 农产品产地土壤环境质量例行监测区域土壤镉含量统计表

2.2.6.5.1 行政区划编码

字段代码：MA10105

字段名称：行政区划编码

英文名称：Administrative division code

释　　义：行政区划编码（到县级代码）

数据类型：文本

数据长度：255

备　　注：数据来自国家统计局数据库，行政区划编码是根据国家统计局发布的《统计用区划代码和城乡划分代码编制规则》编制，规定统计用区划代码和城乡划分代码分为两段 17 位，这里节选统计用区划代码使用，由 1～6 代码构成，其各代码表示为：第1～2 位，为省级代码；第 3～4 位，为地级代码；第 5～6 位，为县级代码

2.2.6.5.2 任务编码

字段代码：CO20102

字段名称：任务编码

英文名称：Task code

释　　义：采样任务编码

数据类型：数值

数据长度：11

小 数 位：0

极 大 值：99 999 999 999

极 小 值：0

2.2.6.5.3 镉含量最大值

字段代码：SA60401
字段名称：镉含量最大值
英文名称：Cadmium content maximum
释　　义：农产品产地土壤环境质量例行监测区域土壤镉含量最大值
数据类型：数值
量　　纲：mg/kg
数据长度：11
小 数 位：3
极 大 值：9 999 999.999
极 小 值：0

2.2.6.5.4 镉含量最小值

字段代码：SA60402
字段名称：镉含量最小值
英文名称：Cadmium content minimum
释　　义：农产品产地土壤环境质量例行监测区域土壤镉含量最小值
数据类型：数值
量　　纲：mg/kg
数据长度：11
小 数 位：3
极 大 值：9 999 999.999
极 小 值：0

2.2.6.5.5 镉含量算数平均值

字段代码：SA60403
字段名称：镉含量算数平均值
英文名称：Cadmium content arithmetic mean
释　　义：农产品产地土壤环境质量例行监测区域土壤镉含量

算术平均值，又称均值

数据类型：数值

量　　纲：mg/kg

数据长度：11

小 数 位：3

极 大 值：9 999 999.999

极 小 值：0

2.2.6.5.6 镉含量标准偏差

字段代码：SA60404

字段名称：镉含量标准偏差

英文名称：Cadmium content standard deviation

释　　义：农产品产地土壤环境质量例行监测区域土壤镉含量的标准偏差，用来衡量数据值偏离算术平均值的程度

数据类型：数值

量　　纲：mg/kg

数据长度：11

小 数 位：3

极 大 值：9 999 999.999

极 小 值：0

2.2.6.5.7 镉含量25%分位值

字段代码：SA60405

字段名称：镉含量 25%分位值

英文名称：Cadmium content 25% quartile

释　　义：四分位数是通过 3 个点将全部数据等分为 4 部分，其中每部分包含 25%的数据，25%分位值表示农产品产地土壤环境质量例行监测区域土壤镉含量上四分位值

数据类型：数值

量　　纲：mg/kg

数据长度：11
小 数 位：3
极 大 值：9 999 999.999
极 小 值：0

2.2.6.5.8 镉含量中位值

字段代码：SA60406
字段名称：镉含量中位值
英文名称：Cadmium content median value
释　　义：农产品产地土壤环境质量例行监测区域土壤镉含量数据中居于中间位置的数值
数据类型：数值
量　　纲：mg/kg
数据长度：11
小 数 位：3
极 大 值：9 999 999.999
极 小 值：0

2.2.6.5.9 镉含量75%分位值

字段代码：SA60407
字段名称：镉含量 75%分位值
英文名称：Cadmium content 75% quantile
释　　义：四分位数是通过 3 个点将全部数据等分为 4 部分，其中每部分包含 25%的数据，75%分位值表示农产品产地土壤环境质量例行监测区域土壤镉含量下四分位值
数据类型：数值
量　　纲：mg/kg
数据长度：11
小 数 位：3
极 大 值：9 999 999.999
极 小 值：0

2.2.6.5.10 镉含量几何平均值

字段代码：SA60408

字段名称：镉含量几何平均值

英文名称：Cadmium content geometric mean

释　　义：农产品产地土壤环境质量例行监测区域土壤镉含量的几何平均值，n 个数据值连乘积的 n 次方根

数据类型：数值

量　　纲：mg/kg

数据长度：11

小 数 位：3

极 大 值：9 999 999.999

极 小 值：0

2.2.6.5.11 镉含量几何标准偏差

字段代码：SA60409

字段名称：镉含量几何标准偏差

英文名称：Cadmium content geometric standard deviation

释　　义：农产品产地土壤环境质量例行监测区域土壤镉含量几何标准偏差

数据类型：数值

量　　纲：mg/kg

数据长度：11

小 数 位：3

极 大 值：9 999 999.999

极 小 值：0

2.2.6.6 农产品产地土壤环境质量例行监测区域土壤汞含量统计表

2.2.6.6.1 行政区划编码

字段代码：MA10105

字段名称：行政区划编码

英文名称：Administrative division code

释　　义：行政区划编码（到县级代码）
数据类型：文本
数据长度：255
备　　注：数据来自国家统计局数据库，行政区划编码是根据国家统计局发布的《统计用区划代码和城乡划分代码编制规则》编制，规定统计用区划代码和城乡划分代码分为两段 17 位，这里节选统计用区划代码使用，由 1～6 代码构成，其各代码表示为：第1～2 位，为省级代码；第 3～4 位，为地级代码；第 5～6 位，为县级代码

2.2.6.6.2　任务编码

字段代码：CO20102
字段名称：任务编码
英文名称：Task code
释　　义：采样任务编码
数据类型：数值
数据长度：11
小 数 位：0
极 大 值：99 999 999 999
极 小 值：0

2.2.6.6.3　汞含量最大值

字段代码：SA60501
字段名称：汞含量最大值
英文名称：Mercury content maximum
释　　义：农产品产地土壤环境质量例行监测区域土壤汞含量最大值
数据类型：数值
量　　纲：mg/kg
数据长度：11
小 数 位：2

极 大 值：99 999 999.99

极 小 值：0

2.2.6.6.4　汞含量最小值

字段代码：SA60502

字段名称：汞含量最小值

英文名称：Mercury content minimum

释　　义：农产品产地土壤环境质量例行监测区域土壤汞含量最小值

数据类型：数值

量　　纲：mg/kg

数据长度：11

小 数 位：2

极 大 值：99 999 999.99

极 小 值：0

2.2.6.6.5　汞含量算数平均值

字段代码：SA60503

字段名称：汞含量算数平均值

英文名称：Mercury content arithmetic mean

释　　义：农产品产地土壤环境质量例行监测区域土壤汞含量算术平均值，又称均值

数据类型：数值

量　　纲：mg/kg

数据长度：11

小 数 位：2

极 大 值：99 999 999.99

极 小 值：0

2.2.6.6.6　汞含量标准偏差

字段代码：SA60504

字段名称：标准偏差

英文名称：Mercury content standard deviation

释　　义：农产品产地土壤环境质量例行监测区域土壤汞含量的标准偏差，用来衡量数据值偏离算术平均值的程度

数据类型：数值

量　　纲：mg/kg

数据长度：11

小 数 位：2

极 大 值：99 999 999.99

极 小 值：0

2.2.6.6.7　汞含量25%分位值

字段代码：SA60505

字段名称：25%分位值

英文名称：Mercury content 25% quantile

释　　义：四分位数是通过3个点将全部数据等分为4部分，其中每部分包含25%的数据，25%分位值表示农产品产地土壤环境质量例行监测区域土壤汞含量上四分位值

数据类型：数值

量　　纲：mg/kg

数据长度：11

小 数 位：2

极 大 值：99 999 999.99

极 小 值：0

2.2.6.6.8　汞含量中位值

字段代码：SA60506

字段名称：汞含量中位值

英文名称：Mercury content median value

释　　义：农产品产地土壤环境质量例行监测区域土壤汞含量数据中居于中间位置的数值

数据类型：数值

量　　纲：mg/kg
数据长度：11
小 数 位：2
极 大 值：99 999 999.99
极 小 值：0

2.2.6.6.9 汞含量 75%分位值

字段代码：SA60507
字段名称：汞含量 75%分位值
英文名称：Mercury content 75% quantile
释　　义：四分位数是通过 3 个点将全部数据等分为 4 部分，其中每部分包含 25%的数据，75%分位值表示农产品产地土壤环境质量例行监测区域土壤汞含量下四分位值
数据类型：数值
量　　纲：mg/kg
数据长度：11
小 数 位：2
极 大 值：99 999 999.99
极 小 值：0

2.2.6.6.10 汞含量几何平均值

字段代码：SA60508
字段名称：汞含量几何平均值
英文名称：Mercury content geometric mean
释　　义：农产品产地土壤环境质量例行监测区域土壤汞含量的几何平均值，表示 n 个数据值连乘积的 n 次方根
数据类型：数值
量　　纲：mg/kg
数据长度：11
小 数 位：2
极 大 值：99 999 999.99

极 小 值：0

2.2.6.6.11 汞含量几何标准偏差

字段代码：SA60509

字段名称：汞含量几何标准偏差

英文名称：Mercury content geometric standard deviation

释　　义：农产品产地土壤环境质量例行监测区域土壤汞含量几何标准偏差

数据类型：数值

量　　纲：mg/kg

数据长度：11

小 数 位：2

极 大 值：99 999 999.99

极 小 值：0

2.2.6.7 农产品产地土壤环境质量例行监测区域土壤砷含量统计表

2.2.6.7.1 行政区划编码

字段代码：MA10105

字段名称：行政区划编码

英文名称：Administrative division code

释　　义：行政区划编码（到县级代码）

数据类型：文本

数据长度：255

备　　注：数据来自国家统计局数据库，行政区划编码是根据国家统计局发布的《统计用区划代码和城乡划分代码编制规则》编制，规定统计用区划代码和城乡划分代码分为两段 17 位，这里节选统计用区划代码使用，由 1～6 代码构成，其各代码表示为：第1～2 位，为省级代码；第 3～4 位，为地级代码；第 5～6 位，为县级代码

2.2.6.7.2 任务编码

字段代码：CO20102

字段名称：任务编码

英文名称：Task code

释　　义：采样任务编码

数据类型：数值

数据长度：11

小 数 位：0

极 大 值：99 999 999 999

极 小 值：0

2.2.6.7.3 砷含量最大值

字段代码：SA60601

字段名称：砷含量最大值

英文名称：Arsenic content maximum

释　　义：农产品产地土壤环境质量例行监测区域土壤中砷含量的最大值

数据类型：数值

量　　纲：mg/kg

数据长度：11

小 数 位：2

极 大 值：99 999 999.99

极 小 值：0

2.2.6.7.4 砷含量最小值

字段代码：SA60602

字段名称：砷含量最小值

英文名称：Arsenic content minimum

释　　义：农产品产地土壤环境质量例行监测区域土壤中砷含量的最小值

数据类型：数值

量　　纲：mg/kg

数据长度：11

小 数 位：2

极 大 值：99 999 999.99

极 小 值：0

2.2.6.7.5 砷含量算数平均值

字段代码：SA60603

字段名称：砷含量算数平均值

英文名称：Arsenic content arithmetic mean

释　　义：农产品产地土壤环境质量例行监测区域土壤中砷含量的算数平均值，又称均值

数据类型：数值

量　　纲：mg/kg

数据长度：11

小 数 位：2

极 大 值：99 999 999.99

极 小 值：0

2.2.6.7.6 砷含量标准偏差

字段代码：SA60604

字段名称：砷含量标准偏差

英文名称：Arsenic content standard deviation

释　　义：农产品产地土壤环境质量例行监测区域土壤砷含量的标准偏差，用来衡量数据值偏离算术平均值的程度

数据类型：数值

量　　纲：mg/kg

数据长度：11

小 数 位：2

极 大 值：99 999 999.99

极 小 值：0

2.2.6.7.7 砷含量25%分位值

字段代码：SA60605

字段名称：砷含量25%分位值

英文名称：Arsenic content 25% quantile

释　　义：四分位数是通过3个点将全部数据等分为4部分，其中每部分包含25%的数据，25%分位值表示农产品产地土壤环境质量例行监测区域土壤砷含量上四分位值

数据类型：数值

量　　纲：mg/kg

数据长度：11

小 数 位：2

极 大 值：99 999 999.99

极 小 值：0

2.2.6.7.8 砷含量中位值

字段代码：SA60606

字段名称：砷含量中位值

英文名称：Arsenic content median value

释　　义：农产品产地土壤环境质量例行监测区域土壤砷含量数据中居于中间位置的数值

数据类型：数值

量　　纲：mg/kg

数据长度：11

小 数 位：2

极 大 值：99 999 999.99

极 小 值：0

2.2.6.7.9 砷含量75%分位值

字段代码：SA60607

字段名称：砷含量75%分位值

英文名称：Arsenic content 75% quantile

释　　义：四分位数是通过3个点将全部数据等分为4部分，其中每部分包含25%的数据，75%分位值表示农产品产地土壤环境质量例行监测区域土壤砷含量下四分位值

数据类型：数值

量　　纲：mg/kg

数据长度：11

小 数 位：2

极 大 值：99 999 999.99

极 小 值：0

2.2.6.7.10　砷含量几何平均值

字段代码：SA60608

字段名称：砷含量几何平均值

英文名称：Arsenic content geometric mean

释　　义：农产品产地土壤环境质量例行监测区域土壤砷含量的几何平均值，表示n个数据值连乘积的n次方根

数据类型：数值

量　　纲：mg/kg

数据长度：11

小 数 位：2

极 大 值：99 999 999.99

极 小 值：0

2.2.6.7.11　砷含量几何标准偏差

字段代码：SA60609

字段名称：砷含量几何标准偏差

英文名称：Arsenic content geometric standard deviation

释　　义：农产品产地土壤环境质量例行监测区域土壤砷含量的几何标准偏差

数据类型：数值

量　　纲：mg/kg

数据长度：11

小 数 位：2

极 大 值：99 999 999.99

极 小 值：0

2.2.6.8 农产品产地土壤环境质量例行监测区域土壤铅含量统计表

2.2.6.8.1 行政区划编码

字段代码：MA10105

字段名称：行政区划编码

英文名称：Administrative division code

释　　义：行政区划编码（到县级代码）

数据类型：文本

数据长度：255

备　　注：数据来自国家统计局数据库，行政区划编码是根据国家统计局发布的《统计用区划代码和城乡划分代码编制规则》编制，规定统计用区划代码和城乡划分代码分为两段17位，这里节选统计用区划代码使用，由1～6代码构成，其各代码表示为：第1～2位，为省级代码；第3～4位，为地级代码；第5～6位，为县级代码

2.2.6.8.2 任务编码

字段代码：CO20102

字段名称：任务编码

英文名称：Task code

释　　义：采样任务编码

数据类型：数值

数据长度：11

小 数 位：0

极 大 值：99 999 999 999

极 小 值：0

2.2.6.8.3 铅含量最大值

字段代码：SA60701

字段名称：铅含量最大值

英文名称：Lead content maximum

释　　义：农产品产地土壤环境质量例行监测区域土壤铅含量最大值

数据类型：数值

量　　纲：mg/kg

数据长度：11

小 数 位：1

极 大 值：999 999 999.9

极 小 值：0

2.2.6.8.4 铅含量最小值

字段代码：SA60702

字段名称：铅含量最小值

英文名称：Lead content minimum

释　　义：农产品产地土壤环境质量例行监测区域土壤中铅含量的最小值

数据类型：数值

量　　纲：mg/kg

数据长度：11

小 数 位：1

极 大 值：999 999 999.9

极 小 值：0

2.2.6.8.5 铅含量算数平均值

字段代码：SA60703

字段名称：铅含量算数平均值

英文名称：Lead content arithmetic mean

释　　义：农产品产地土壤环境质量例行监测区域土壤中铅含量的算数平均值，又称均值

数据类型：数值
量　　纲：mg/kg
数据长度：11
小 数 位：1
极 大 值：999 999 999.9
极 小 值：0

2.2.6.8.6 铅含量标准偏差

字段代码：SA60704
字段名称：铅含量标准偏差
英文名称：Lead content standard deviation
释　　义：农产品产地土壤环境质量例行监测区域土壤铅含量的标准偏差，用来衡量数据值偏离算术平均值的程度
数据类型：数值
量　　纲：mg/kg
数据长度：11
小 数 位：1
极 大 值：999 999 999.9
极 小 值：0

2.2.6.8.7 铅含量25%分位值

字段代码：SA60705
字段名称：铅含量25%分位值
英文名称：Lead content 25% quantile
释　　义：四分位数是通过3个点将全部数据等分为4部分，其中每部分包含25%的数据，25%分位值表示农产品产地土壤环境质量例行监测区域土壤铅含量上四分位值
数据类型：数值
量　　纲：mg/kg
数据长度：11

小 数 位：1

极 大 值：999 999 999.9

极 小 值：0

2.2.6.8.8　铅含量中位值

字段代码：SA60706

字段名称：铅含量中位值

英文名称：Lead content median value

释　　义：农产品产地土壤环境质量例行监测区域土壤铅含量数据中居于中间位置的数值

数据类型：数值

量　　纲：mg/kg

数据长度：11

小 数 位：1

极 大 值：999 999 999.9

极 小 值：0

2.2.6.8.9　铅含量75%分位值

字段代码：SA60707

字段名称：铅含量75%分位值

英文名称：Lead content 75% quantile

释　　义：四分位数是通过3个点将全部数据等分为4部分，其中每部分包含25%的数据，75%分位值表示农产品产地土壤环境质量例行监测区域土壤铅含量下四分位值

数据类型：数值

量　　纲：mg/kg

数据长度：11

小 数 位：1

极 大 值：999 999 999.9

极 小 值：0

2.2.6.8.10 铅含量几何平均值

字段代码：SA60708

字段名称：铅含量几何平均值

英文名称：Lead content geometric mean

释　　义：农产品产地土壤环境质量例行监测区域土壤铅含量的几何平均值，表示 n 个数据值连乘积的 n 次方根

数据类型：数值

量　　纲：mg/kg

数据长度：11

小 数 位：1

极 大 值：999 999 999.9

极 小 值：0

2.2.6.8.11 铅含量几何标准偏差

字段代码：SA60709

字段名称：铅含量几何标准偏差

英文名称：Lead content geometric standard deviation

释　　义：农产品产地土壤环境质量例行监测区域土壤铅含量的几何标准偏差

数据类型：数值

量　　纲：mg/kg

数据长度：11

小 数 位：1

极 大 值：999 999 999.9

极 小 值：0

2.2.6.9 农产品产地土壤环境质量例行监测区域土壤铬含量统计表

2.2.6.9.1 行政区划编码

字段代码：MA10105

字段名称：行政区划编码

英文名称：Administrative division code

释　　义：行政区划编码（到县级代码）
数据类型：文本
数据长度：255
备　　注：数据来自国家统计局数据库，行政区划编码是根据国家统计局发布的《统计用区划代码和城乡划分代码编制规则》编制，规定统计用区划代码和城乡划分代码分为两段 17 位，这里节选统计用区划代码使用，由 1～6 代码构成，其各代码表示为：第1～2 位，为省级代码；第 3～4 位，为地级代码；第 5～6 位，为县级代码

2.2.6.9.2　任务编码

字段代码：CO20102
字段名称：任务编码
英文名称：Task code
释　　义：采样任务编码
数据类型：数值
数据长度：11
小 数 位：0
极 大 值：99 999 999 999
极 小 值：0

2.2.6.9.3　铬含量最大值

字段代码：SA60801
字段名称：铬含量最大值
英文名称：Chromium content maximum
释　　义：农产品产地土壤环境质量例行监测区域土壤铬含量最大值
数据类型：数值
量　　纲：mg/kg
数据长度：11
小 数 位：2

极 大 值：99 999 999.99

极 小 值：0

2.2.6.9.4　铬含量最小值

字段代码：SA60802

字段名称：铬含量最小值

英文名称：Chromium content minimum

释　　义：农产品产地土壤环境质量例行监测区域土壤中铬含量的最小值

数据类型：数值

量　　纲：mg/kg

数据长度：11

小 数 位：2

极 大 值：99 999 999.99

极 小 值：0

2.2.6.9.5　铬含量算数平均值

字段代码：SA60803

字段名称：铬含量算数平均值

英文名称：Chromium content arithmetic mean

释　　义：农产品产地土壤环境质量例行监测区域土壤中铬含量的算数平均值，又称均值

数据类型：数值

量　　纲：mg/kg

数据长度：11

小 数 位：2

极 大 值：99 999 999.99

极 小 值：0

2.2.6.9.6　铬含量标准偏差

字段代码：SA60804

字段名称：铬含量标准偏差

英文名称：Chromium content standard deviation

释　　义：农产品产地土壤环境质量例行监测区域土壤铬含量的标准偏差，用来衡量数据值偏离算术平均值的程度

数据类型：数值

量　　纲：mg/kg

数据长度：11

小 数 位：2

极 大 值：99 999 999.99

极 小 值：0

2.2.6.9.7　铬含量25%分位值

字段代码：SA60805

字段名称：铬含量25%分位值

英文名称：Chromium content 25% quantile

释　　义：四分位数是通过3个点将全部数据等分为4部分，其中每部分包含25%的数据，25%分位值表示农产品产地土壤环境质量例行监测区域土壤铬含量上四分位值

数据类型：数值

量　　纲：mg/kg

数据长度：11

小 数 位：2

极 大 值：99 999 999.99

极 小 值：0

2.2.6.9.8　铬含量中位值

字段代码：SA60806

字段名称：铬含量中位值

英文名称：Chromium content median value

释　　义：农产品产地土壤环境质量例行监测区域土壤铬含量数据中居于中间位置的数值

数据类型：数值

量　　纲：mg/kg
数据长度：11
小 数 位：2
极 大 值：99 999 999.99
极 小 值：0

2.2.6.9.9　铬含量75%分位值

字段代码：SA60807
字段名称：铬含量75%分位值
英文名称：Chromium content 75% quantile
释　　义：四分位数是通过3个点将全部数据等分为4部分，其中每部分包含25%的数据，75%分位值表示农产品产地土壤环境质量例行监测区域土壤铬含量下四分位值
数据类型：数值
量　　纲：mg/kg
数据长度：11
小 数 位：2
极 大 值：99 999 999.99
极 小 值：0

2.2.6.9.10　铬含量几何平均值

字段代码：SA60808
字段名称：铬含量几何平均值
英文名称：Chromium content geometric mean
释　　义：农产品产地土壤环境质量例行监测区域土壤铬含量的几何平均值，表示n个数据值连乘积的n次方根
数据类型：数值
量　　纲：mg/kg
数据长度：11
小 数 位：2
极 大 值：99 999 999.99

极 小 值：0

2.2.6.9.11　铬含量几何标准偏差

字段代码：SA60809

字段名称：铬含量几何标准偏差

英文名称：Chromium content geometric standard deviation

释　　义：农产品产地土壤环境质量例行监测区域土壤铬含量的几何标准偏差

数据类型：数值

量　　纲：mg/kg

数据长度：11

小 数 位：2

极 大 值：99 999 999.99

极 小 值：0

2.2.6.10　农产品产地土壤环境质量例行监测区域土壤铜含量统计表

2.2.6.10.1　行政区划编码

字段代码：MA10105

字段名称：行政区划编码

英文名称：Administrative division code

释　　义：行政区划编码（到县级代码）

数据类型：文本

数据长度：255

备　　注：数据来自国家统计局数据库，行政区划编码是根据国家统计局发布的《统计用区划代码和城乡划分代码编制规则》编制，规定统计用区划代码和城乡划分代码分为两段 17 位，这里节选统计用区划代码使用，由 1～6 代码构成，其各代码表示为：第1～2 位，为省级代码；第 3～4 位，为地级代码；第 5～6 位，为县级代码

2.2.6.10.2　任务编码

字段代码：CO20102

字段名称：任务编码
英文名称：Task code
释　　义：采样任务编码
数据类型：数值
数据长度：11
小 数 位：0
极 大 值：99 999 999 999
极 小 值：0

2.2.6.10.3 铜含量最大值

字段代码：SA60901
字段名称：铜含量最大值
英文名称：Copper content maximum
释　　义：农产品产地土壤环境质量例行监测区域土壤铜含量最大值
数据类型：数值
量　　纲：mg/kg
数据长度：11
小 数 位：1
极 大 值：999 999 999.9
极 小 值：0

2.2.6.10.4 铜含量最小值

字段代码：SA60902
字段名称：铜含量最小值
英文名称：Copper content minimum
释　　义：农产品产地土壤环境质量例行监测区域土壤中铜含量的最小值
数据类型：数值
量　　纲：mg/kg
数据长度：11
小 数 位：1

极 大 值：999 999 999.9

极 小 值：0

2.2.6.10.5　铜含量算数平均值

字段代码：SA60903

字段名称：铜含量算数平均值

英文名称：Copper content arithmetic mean

释　　义：农产品产地土壤环境质量例行监测区域土壤中铜含量的算数平均值，又称均值

数据类型：数值

量　　纲：mg/kg

数据长度：11

小 数 位：1

极 大 值：999 999 999.9

极 小 值：0

2.2.6.10.6　铜含量标准偏差

字段代码：SA60904

字段名称：铜含量标准偏差

英文名称：Copper content standard deviation

释　　义：农产品产地土壤环境质量例行监测区域土壤铜含量的标准偏差，用来衡量数据值偏离算术平均值的程度

数据类型：数值

量　　纲：mg/kg

数据长度：11

小 数 位：1

极 大 值：999 999 999.9

极 小 值：0

2.2.6.10.7　铜含量25%分位值

字段代码：SA60905

字段名称：铜含量25%分位值

英文名称：Copper content 25% quantile

释　　义：四分位数是通过 3 个点将全部数据等分为 4 部分，其中每部分包含 25%的数据，25%分位值表示农产品产地土壤环境质量例行监测区域土壤铜含量上四分位值

数据类型：数值

量　　纲：mg/kg

数据长度：11

小 数 位：1

极 大 值：999 999 999.9

极 小 值：0

2.2.6.10.8　铜含量中位值

字段代码：SA60906

字段名称：铜含量中位值

英文名称：Copper content median value

释　　义：农产品产地土壤环境质量例行监测区域土壤铜含量数据中居于中间位置的数值

数据类型：数值

量　　纲：mg/kg

数据长度：11

小 数 位：1

极 大 值：999 999 999.9

极 小 值：0

2.2.6.10.9　铜含量 75%分位值

字段代码：SA60907

字段名称：铜含量 75%分位值

英文名称：Copper content 75% quantile

释　　义：四分位数是通过 3 个点将全部数据等分为 4 部分，其中每部分包含 25%的数据，75%分位值表示农产品产地土壤环境质量例行监测区域土壤铜含量下

四分位值
数据类型：数值
量　　纲：mg/kg
数据长度：11
小 数 位：1
极 大 值：999 999 999.9
极 小 值：0

2.2.6.10.10 铜含量几何平均值

字段代码：SA60908
字段名称：铜含量几何平均值
英文名称：Copper content geometric mean
释　　义：农产品产地土壤环境质量例行监测区域土壤铜含量的几何平均值，表示n个数据值连乘积的n次方根
数据类型：数值
量　　纲：mg/kg
数据长度：11
小 数 位：1
极 大 值：999 999 999.9
极 小 值：0

2.2.6.10.11 铜含量几何标准偏差

字段代码：SA60909
字段名称：铜含量几何标准偏差
英文名称：Copper content geometric standard deviation
释　　义：农产品产地土壤环境质量例行监测区域土壤铜含量的几何标准偏差
数据类型：数值
量　　纲：mg/kg
数据长度：11
小 数 位：1
极 大 值：999 999 999.9

极 小 值：0

2.2.6.11　农产品产地土壤环境质量例行监测区域土壤锌含量统计表

2.2.6.11.1　行政区划编码

字段代码：MA10105
字段名称：行政区划编码
英文名称：Administrative division code
释　　义：行政区划编码（到县级代码）
数据类型：文本
数据长度：255
备　　注：数据来自国家统计局数据库，行政区划编码是根据国家统计局发布的《统计用区划代码和城乡划分代码编制规则》编制，规定统计用区划代码和城乡划分代码分为两段17位，这里节选统计用区划代码使用，由1～6代码构成，其各代码表示为：第1～2位，为省级代码；第3～4位，为地级代码；第5～6位，为县级代码

2.2.6.11.2　任务编码

字段代码：CO20102
字段名称：任务编码
英文名称：Task code
释　　义：采样任务编码
数据类型：数值
数据长度：11
小 数 位：0
极 大 值：99 999 999 999
极 小 值：0

2.2.6.11.3　锌含量最大值

字段代码：SA61001
字段名称：锌含量最大值
英文名称：Zinc content maximum

释　　义：农产品产地土壤环境质量例行监测区域土壤锌含量最大值
数据类型：数值
量　　纲：mg/kg
数据长度：11
小 数 位：1
极 大 值：999 999 999.9
极 小 值：0

2.2.6.11.4　锌含量最小值

字段代码：SA61002
字段名称：锌含量最小值
英文名称：Zinc content minimum
释　　义：农产品产地土壤环境质量例行监测区域土壤中锌含量的最小值
数据类型：数值
量　　纲：mg/kg
数据长度：11
小 数 位：1
极 大 值：999 999 999.9
极 小 值：0

2.2.6.11.5　锌含量算数平均值

字段代码：SA61003
字段名称：锌含量算数平均值
英文名称：Zinc content arithmetic mean
释　　义：农产品产地土壤环境质量例行监测区域土壤中锌含量的算数平均值，又称均值
数据类型：数值
量　　纲：mg/kg
数据长度：11
小 数 位：1

极 大 值：999 999 999.9

极 小 值：0

2.2.6.11.6 锌含量标准偏差

字段代码：SA61004

字段名称：锌含量标准偏差

英文名称：Zinc content standard deviation

释　　义：农产品产地土壤环境质量例行监测区域土壤锌含量的标准偏差，用来衡量数据值偏离算术平均值的程度

数据类型：数值

量　　纲：mg/kg

数据长度：11

小 数 位：1

极 大 值：999 999 999.9

极 小 值：0

2.2.6.11.7 锌含量25%分位值

字段代码：SA61005

字段名称：锌含量25%分位值

英文名称：Zinc content 25% quantile

释　　义：四分位数是通过3个点将全部数据等分为4部分，其中每部分包含25%的数据，25%分位值表示农产品产地土壤环境质量例行监测区域土壤锌含量上四分位值

数据类型：数值

量　　纲：mg/kg

数据长度：11

小 数 位：1

极 大 值：999 999 999.9

极 小 值：0

2.2.6.11.8 锌含量中位值

字段代码：SA61006

字段名称：锌含量中位值

英文名称：Zinc content median value

释　　义：农产品产地土壤环境质量例行监测区域土壤锌含量数据中居于中间位置的数值

数据类型：数值

量　　纲：mg/kg

数据长度：11

小 数 位：1

极 大 值：999 999 999.9

极 小 值：0

2.2.6.11.9　锌含量75%分位值

字段代码：SA61007

字段名称：锌含量75%分位值

英文名称：Zinc content 75% quantile

释　　义：四分位数是通过3个点将全部数据等分为4部分，其中每部分包含25%的数据，75%分位值表示农产品产地土壤环境质量例行监测区域土壤锌含量下四分位值

数据类型：数值

量　　纲：mg/kg

数据长度：11

小 数 位：1

极 大 值：999 999 999.9

极 小 值：0

2.2.6.11.10　锌含量几何平均值

字段代码：SA61008

字段名称：锌含量几何平均值

英文名称：Zinc content geometric mean

释　　义：农产品产地土壤环境质量例行监测区域土壤锌含量的几何平均值，表示n个数据值连乘积的n次方根

数据类型：数值
量　　纲：mg/kg
数据长度：11
小 数 位：1
极 大 值：999 999 999.9
极 小 值：0

2.2.6.11.11　锌含量几何标准偏差

字段代码：SA61009
字段名称：锌含量几何标准偏差
英文名称：Zinc content geometric standard deviation
释　　义：农产品产地土壤环境质量例行监测区域土壤锌含量的几何标准偏差
数据类型：数值
量　　纲：mg/kg
数据长度：11
小 数 位：1
极 大 值：999 999 999.9
极 小 值：0

2.2.6.12　农产品产地土壤环境质量例行监测区域土壤镍含量统计表

2.2.6.12.1　行政区划编码

字段代码：MA10105
字段名称：行政区划编码
英文名称：Administrative division code
释　　义：行政区划编码（到县级代码）
数据类型：文本
数据长度：255
备　　注：数据来自国家统计局数据库，行政区划编码是根据国家统计局发布的《统计用区划代码和城乡划分代码编制规则》编制，规定统计用区划代码和城乡划分代码分为两段 17 位，这里节选统计用区划代码使用，由 1～6 代码构成，其各代码表示为：第1～2 位，为省级代码；第 3～4 位，为地级代码；第5～6 位，为县级代码

2.2.6.12.2 任务编码

字段代码：CO20102
字段名称：任务编码
英文名称：Task code
释　　义：采样任务编码
数据类型：数值
数据长度：11
小 数 位：0
极 大 值：99 999 999 999
极 小 值：0

2.2.6.12.3 镍含量最大值

字段代码：SA61101
字段名称：镍含量最大值
英文名称：Nickel content maximum
释　　义：农产品产地土壤环境质量例行监测区域土壤镍含量最大值
数据类型：数值
量　　纲：mg/kg
数据长度：11
小 数 位：1
极 大 值：999 999 999.9
极 小 值：0

2.2.6.12.4 镍含量最小值

字段代码：SA61102
字段名称：镍含量最小值
英文名称：Nickel content minimum

释　　义：农产品产地土壤环境质量例行监测区域土壤中镍含量的最小值
数据类型：数值
量　　纲：mg/kg
数据长度：11
小 数 位：1
极 大 值：999 999 999.9
极 小 值：0

2.2.6.12.5　镍含量算数平均值

字段代码：SA61103
字段名称：镍含量算数平均值
英文名称：Nickel content arithmetic mean
释　　义：农产品产地土壤环境质量例行监测区域土壤中镍含量的算数平均值，又称均值
数据类型：数值
量　　纲：mg/kg
数据长度：11
小 数 位：1
极 大 值：999 999 999.9
极 小 值：0

2.2.6.12.6　镍含量标准偏差

字段代码：SA61104
字段名称：镍含量标准偏差
英文名称：Nickel content standard deviation
释　　义：农产品产地土壤环境质量例行监测区域土壤镍含量的标准偏差，用来衡量数据值偏离算术平均值的程度
数据类型：数值
量　　纲：mg/kg
数据长度：11
小 数 位：1

极 大 值：999 999 999.9

极 小 值：0

2.2.6.12.7 镍含量25%分位值

字段代码：SA61105

字段名称：镍含量25%分位值

英文名称：Nickel content 25% quantile

释　　义：四分位数是通过3个点将全部数据等分为4部分，其中每部分包含25%的数据，25%分位值表示农产品产地土壤环境质量例行监测区域土壤镍含量上四分位值

数据类型：数值

量　　纲：mg/kg

数据长度：11

小 数 位：1

极 大 值：999 999 999.9

极 小 值：0

2.2.6.12.8 镍含量中位值

字段代码：SA61106

字段名称：镍含量中位值

英文名称：Nickel content median value

释　　义：农产品产地土壤环境质量例行监测区域土壤镍含量数据中居于中间位置的数值

数据类型：数值

量　　纲：mg/kg

数据长度：11

小 数 位：1

极 大 值：999 999 999.9

极 小 值：0

2.2.6.12.9 镍含量75%分位值

字段代码：SA61107

字段名称：镍含量 75%分位值
英文名称：Nickel content 75% quantile
释　　义：四分位数是通过 3 个点将全部数据等分为 4 部分，其中每部分包含 25%的数据，75%分位值表示农产品产地土壤环境质量例行监测区域土壤镍含量下四分位值
数据类型：数值
量　　纲：mg/kg
数据长度：11
小 数 位：1
极 大 值：999 999 999.9
极 小 值：0

2.2.6.12.10 镍含量几何平均值

字段代码：SA61108
字段名称：镍含量几何平均值
英文名称：Nickel content geometric mean
释　　义：农产品产地土壤环境质量例行监测区域土壤镍含量的几何平均值，表示 n 个数据值连乘积的 n 次方根
数据类型：数值
量　　纲：mg/kg
数据长度：11
小 数 位：1
极 大 值：999 999 999.9
极 小 值：0

2.2.6.12.11 镍含量几何标准偏差

字段代码：SA61109
字段名称：镍含量几何标准偏差
英文名称：Nickel content geometric standard deviation
释　　义：农产品产地土壤环境质量例行监测区域土壤镍含量的几何标准偏差

数据类型：数值
量　　纲：mg/kg
数据长度：11
小 数 位：1
极 大 值：999 999 999.9
极 小 值：0

2.2.6.13 农产品产地土壤环境质量例行监测区域土壤镉点位安全评估结果表

2.2.6.13.1 行政区划编码

字段代码：MA10105
字段名称：行政区划编码
英文名称：Administrative division code
释　　义：行政区划编码（到县级代码）
数据类型：文本
数据长度：255
备　　注：数据来自国家统计局数据库，行政区划编码是根据国家统计局发布的《统计用区划代码和城乡划分代码编制规则》编制，规定统计用区划代码和城乡划分代码分为两段17位，这里节选统计用区划代码使用，由1～6代码构成，其各代码表示为：第1～2位，为省级代码；第3～4位，为地级代码；第5～6位，为县级代码

2.2.6.13.2 任务编码

字段代码：CO20102
字段名称：任务编码
英文名称：Task code
释　　义：采样任务编码
数据类型：数值
数据长度：11
小 数 位：0

极 大 值：99 999 999 999

极 小 值：0

2.2.6.13.3 土壤镉含量

字段代码：DE50111

字段名称：土壤镉含量

英文名称：Cadmium content in soil

释　　义：农产品产地土壤环境质量例行监测区域土壤中的镉含量

数据类型：数值

量　　纲：mg/kg

数据长度：11

小 数 位：3

极 大 值：9 999 999.999

极 小 值：0

2.2.6.13.4 土壤镉污染指数

字段代码：SA61201

字段名称：土壤镉污染指数

英文名称：Soil Cd pollution index

释　　义：按照污染指数评价方法得到土壤镉污染指数

数据类型：数值

量　　纲：无

数据长度：6

小 数 位：2

极 大 值：999.99

极 小 值：0

2.2.6.13.5 土壤镉累积指数

字段代码：SA61202

字段名称：土壤镉累积指数

英文名称：Soil Cd accumulation index

释　　义：按照累积性评价方法得到土壤镉累积指数

数据类型：数值
量　　纲：无
数据长度：6
小 数 位：2
极 大 值：999.99
极 小 值：0

2.2.6.14　农产品产地土壤环境质量例行监测区域土壤汞点位安全评估结果表

2.2.6.14.1　行政区划编码

字段代码：MA10105
字段名称：行政区划编码
英文名称：Administrative division code
释　　义：行政区划编码（到县级代码）
数据类型：文本
数据长度：255
备　　注：数据来自国家统计局数据库，行政区划编码是根据国家统计局发布的《统计用区划代码和城乡划分代码编制规则》编制，规定统计用区划代码和城乡划分代码分为两段17位，这里节选统计用区划代码使用，由1～6代码构成，其各代码表示为：第1～2位，为省级代码；第3～4位，为地级代码；第5～6位，为县级代码

2.2.6.14.2　任务编码

字段代码：CO20102
字段名称：任务编码
英文名称：Task code
释　　义：采样任务编码
数据类型：数值
数据长度：11
小 数 位：0

极 大 值：99 999 999 999

极 小 值：0

2.2.6.14.3　土壤汞含量

字段代码：DE50112

字段名称：土壤汞含量

英文名称：Mercury content in soil

释　　义：农产品产地土壤环境质量例行监测区域土壤中的汞含量

数据类型：数值

量　　纲：mg/kg

数据长度：11

小 数 位：2

极 大 值：99 999 999.99

极 小 值：0

2.2.6.14.4　土壤汞污染指数

字段代码：SA61301

字段名称：土壤镉污染指数

英文名称：Soil Hg pollution index

释　　义：按照污染指数评价方法得到土壤汞污染指数

数据类型：数值

量　　纲：无

数据长度：6

小 数 位：2

极 大 值：999.99

极 小 值：0

2.2.6.14.5　土壤汞累积指数

字段代码：SA61302

字段名称：土壤汞累积指数

英文名称：Soil Hg accumulation index

释　　义：按照累积性评价方法得到土壤汞累积指数

数据类型：数值
量　　纲：无
数据长度：6
小 数 位：2
极 大 值：999.99
极 小 值：0

2.2.6.15 农产品产地土壤环境质量例行监测区域土壤砷点位安全评估结果表

2.2.6.15.1 行政区划编码

字段代码：MA10105
字段名称：行政区划编码
英文名称：Administrative division code
释　　义：行政区划编码（到县级代码）
数据类型：文本
数据长度：255
备　　注：数据来自国家统计局数据库，行政区划编码是根据国家统计局发布的《统计用区划代码和城乡划分代码编制规则》编制，规定统计用区划代码和城乡划分代码分为两段 17 位，这里节选统计用区划代码使用，由 1～6 代码构成，其各代码表示为：第1～2 位，为省级代码；第 3～4 位，为地级代码；第 5～6 位，为县级代码

2.2.6.15.2 任务编码

字段代码：CO20102
字段名称：任务编码
英文名称：Task code
释　　义：采样任务编码
数据类型：数值
数据长度：11
小 数 位：0

极 大 值：99 999 999 999

极 小 值：0

2.2.6.15.3 土壤砷含量

字段代码：DE50113

字段名称：土壤砷含量

英文名称：Arsenic content in soil

释 义：农产品产地土壤环境质量例行监测区域土壤中的砷含量

数据类型：数值

量 纲：mg/kg

数据长度：11

小 数 位：2

极 大 值：99 999 999.99

极 小 值：0

2.2.6.15.4 土壤砷污染指数

字段代码：SA61401

字段名称：土壤砷污染指数

英文名称：Soil As pollution index

释 义：按照污染指数评价方法得到土壤砷污染指数

数据类型：数值

量 纲：无

数据长度：6

小 数 位：2

极 大 值：999.99

极 小 值：0

2.2.6.15.5 土壤砷累积指数

字段代码：SA61402

字段名称：土壤砷累积指数

英文名称：Soil As accumulation index

释 义：按照累积性评价方法得到土壤砷累积指数

数据类型：数值
量　　纲：无
数据长度：6
小 数 位：2
极 大 值：999.99
极 小 值：0

2.2.6.16 农产品产地土壤环境质量例行监测区域土壤铅点位安全评估结果表

2.2.6.16.1 行政区划编码

字段代码：MA10105
字段名称：行政区划编码
英文名称：Administrative division code
释　　义：行政区划编码（到县级代码）
数据类型：文本
数据长度：255
备　　注：数据来自国家统计局数据库，行政区划编码是根据国家统计局发布的《统计用区划代码和城乡划分代码编制规则》编制，规定统计用区划代码和城乡划分代码分为两段 17 位，这里节选统计用区划代码使用，由 1～6 代码构成，其各代码表示为：第1～2 位，为省级代码；第 3～4 位，为地级代码；第 5～6 位，为县级代码

2.2.6.16.2 任务编码

字段代码：CO20102
字段名称：任务编码
英文名称：Task code
释　　义：采样任务编码
数据类型：数值
数据长度：11
小 数 位：0

极 大 值：99 999 999 999

极 小 值：0

2.2.6.16.3 土壤铅含量

字段代码：DE50114

字段名称：土壤铅含量

英文名称：Lead content in soil

释　　义：农产品产地土壤环境质量例行监测区域土壤中的铅含量

数据类型：数值

量　　纲：mg/kg

数据长度：11

小 数 位：1

极 大 值：999 999 999.9

极 小 值：0

2.2.6.16.4 土壤铅污染指数

字段代码：SA61501

字段名称：土壤铅污染指数

英文名称：Soil Pb pollution index

释　　义：按照污染指数评价方法得到土壤铅污染指数

数据类型：数值

量　　纲：无

数据长度：6

小 数 位：2

极 大 值：999.99

极 小 值：0

2.2.6.16.5 土壤铅累积指数

字段代码：SA61502

字段名称：土壤铅累积指数

英文名称：Soil Pb accumulation index

释　　义：按照累积性评价方法得到土壤铅累积指数

数据类型：数值
量　　纲：无
数据长度：6
小 数 位：2
极 大 值：999.99
极 小 值：0

2.2.6.17 农产品产地土壤环境质量例行监测区域土壤铬点位安全评估结果表

2.2.6.17.1 行政区划编码

字段代码：MA10105
字段名称：行政区划编码
英文名称：Administrative division code
释　　义：行政区划编码（到县级代码）
数据类型：文本
数据长度：255
备　　注：数据来自国家统计局数据库，行政区划编码是根据国家统计局发布的《统计用区划代码和城乡划分代码编制规则》编制，规定统计用区划代码和城乡划分代码分为两段17位，这里节选统计用区划代码使用，由1～6代码构成，其各代码表示为：第1～2位，为省级代码；第3～4位，为地级代码；第5～6位，为县级代码

2.2.6.17.2 任务编码

字段代码：CO20102
字段名称：任务编码
英文名称：Task code
释　　义：采样任务编码
数据类型：数值
数据长度：11
小 数 位：0

极 大 值：99 999 999 999

极 小 值：0

2.2.6.17.3 土壤铬含量

字段代码：DE50115

字段名称：土壤铬含量

英文名称：Chromium content in soil

释　　义：农产品产地土壤环境质量例行监测区域土壤中的铬含量

数据类型：数值

量　　纲：mg/kg

数据长度：11

小 数 位：2

极 大 值：99 999 999.99

极 小 值：0

2.2.6.17.4 土壤铬污染指数

字段代码：SA61601

字段名称：土壤铬污染指数

英文名称：Soil Cr pollution index

释　　义：按照污染指数评价方法得到土壤铬污染指数

数据类型：数值

量　　纲：无

数据长度：6

小 数 位：2

极 大 值：999.99

极 小 值：0

2.2.6.17.5 土壤铬累积指数

字段代码：SA61602

字段名称：土壤铬累积指数

英文名称：Soil Cr accumulation index

释　　义：按照累积性评价方法得到土壤铬累积指数

数据类型：数值
量　　纲：无
数据长度：6
小 数 位：2
极 大 值：999.99
极 小 值：0

2.2.6.18 农产品产地土壤环境质量例行监测区域土壤铜点位安全评估结果表

2.2.6.18.1 行政区划编码

字段代码：MA10105
字段名称：行政区划编码
英文名称：Administrative division code
释　　义：行政区划编码（到县级代码）
数据类型：文本
数据长度：255
备　　注：数据来自国家统计局数据库，行政区划编码是根据国家统计局发布的《统计用区划代码和城乡划分代码编制规则》编制，规定统计用区划代码和城乡划分代码分为两段17位，这里节选统计用区划代码使用，由1～6代码构成，其各代码表示为：第1～2位，为省级代码；第3～4位，为地级代码；第5～6位，为县级代码

2.2.6.18.2 任务编码

字段代码：CO20102
字段名称：任务编码
英文名称：Task code
释　　义：采样任务编码
数据类型：数值
数据长度：11
小 数 位：0

极 大 值：99 999 999 999

极 小 值：0

2.2.6.18.3　土壤铜含量

字段代码：DE50116

字段名称：土壤铜含量

英文名称：Copper content in soil

释　　义：农产品产地土壤环境质量例行监测区域土壤中的铜含量

数据类型：数值

量　　纲：mg/kg

数据长度：11

小 数 位：1

极 大 值：999 999 999.9

极 小 值：0

2.2.6.18.4　土壤铜污染指数

字段代码：SA61701

字段名称：土壤铜污染指数

英文名称：Soil Cu pollution index

释　　义：按照污染指数评价方法得到土壤铜污染指数

数据类型：数值

量　　纲：无

数据长度：6

小 数 位：2

极 大 值：999.99

极 小 值：0

2.2.6.18.5　土壤铜累积指数

字段代码：SA61702

字段名称：土壤铜累积指数

英文名称：Soil Cu accumulation index

释　　义：按照累积性评价方法得到土壤铜累积指数

数据类型：数值
量　　纲：无
数据长度：6
小 数 位：2
极 大 值：999.99
极 小 值：0

2.2.6.19 农产品产地土壤环境质量例行监测区域土壤锌点位安全评估结果表

2.2.6.19.1 行政区划编码

字段代码：MA10105
字段名称：行政区划编码
英文名称：Administrative division code
释　　义：行政区划编码（到县级代码）
数据类型：文本
数据长度：255
备　　注：数据来自国家统计局数据库，行政区划编码是根据国家统计局发布的《统计用区划代码和城乡划分代码编制规则》编制，规定统计用区划代码和城乡划分代码分为两段 17 位，这里节选统计用区划代码使用，由 1～6 代码构成，其各代码表示为：第1～2 位，为省级代码；第 3～4 位，为地级代码；第 5～6 位，为县级代码

2.2.6.19.2 任务编码

字段代码：CO20102
字段名称：任务编码
英文名称：Task code
释　　义：采样任务编码
数据类型：数值
数据长度：11
小 数 位：0

极 大 值：99 999 999 999

极 小 值：0

2.2.6.19.3 土壤锌含量

字段代码：DE50117

字段名称：土壤锌含量

英文名称：Zinc content in soil

释　　义：农产品产地土壤环境质量例行监测区域土壤中的锌含量

数据类型：数值

量　　纲：mg/kg

数据长度：11

小 数 位：1

极 大 值：999 999 999.9

极 小 值：0

2.2.6.19.4 土壤锌污染指数

字段代码：SA61801

字段名称：土壤锌污染指数

英文名称：Soil Zn pollution index

释　　义：按照污染指数评价方法得到土壤锌污染指数

数据类型：数值

量　　纲：无

数据长度：6

小 数 位：2

极 大 值：999.99

极 小 值：0

2.2.6.19.5 土壤锌累积指数

字段代码：SA61802

字段名称：土壤锌累积指数

英文名称：Soil Zn accumulation index

释　　义：按照累积性评价方法得到土壤锌累积指数

数据类型：数值
量　　纲：无
数据长度：6
小 数 位：2
极 大 值：999.99
极 小 值：0

2.2.6.20　农产品产地土壤环境质量例行监测区域土壤镍点位安全评估结果表

2.2.6.20.1　行政区划编码

字段代码：MA10105
字段名称：行政区划编码
英文名称：Administrative division code
释　　义：行政区划编码（到县级代码）
数据类型：文本
数据长度：255
备　　注：数据来自国家统计局数据库，行政区划编码是根据国家统计局发布的《统计用区划代码和城乡划分代码编制规则》编制，规定统计用区划代码和城乡划分代码分为两段17位，这里节选统计用区划代码使用，由1～6代码构成，其各代码表示为：第1～2位，为省级代码；第3～4位，为地级代码；第5～6位，为县级代码

2.2.6.20.2　任务编码

字段代码：CO20102
字段名称：任务编码
英文名称：Task code
释　　义：采样任务编码
数据类型：数值
数据长度：11
小 数 位：0

极 大 值：99 999 999 999

极 小 值：0

2.2.6.20.3 土壤镍含量

字段代码：DE50118

字段名称：土壤镍含量

英文名称：Nickel content in soil

释　　义：农产品产地土壤环境质量例行监测区域土壤中的镍含量

数据类型：数值

量　　纲：mg/kg

数据长度：11

小 数 位：1

极 大 值：999 999 999.9

极 小 值：0

2.2.6.20.4 土壤镍污染指数

字段代码：SA61901

字段名称：土壤镍污染指数

英文名称：Soil Ni pollution index

释　　义：按照污染指数评价方法得到土壤镍污染指数

数据类型：数值

量　　纲：无

数据长度：6

小 数 位：2

极 大 值：999.99

极 小 值：0

2.2.6.20.5 土壤镍累积指数

字段代码：SA61902

字段名称：土壤镍累积指数

英文名称：Soil Ni accumulation index

释　　义：按照累积性评价方法得到土壤镍累积指数

数据类型：数值
量　　纲：无
数据长度：6
小 数 位：2
极 大 值：999.99
极 小 值：0

2.2.6.21　耕地质量类别分类统计表

2.2.6.21.1　行政区划编码

字段代码：MA10105
字段名称：行政区划编码
英文名称：Administrative division code
释　　义：行政区划编码（到县级代码）
数据类型：文本
数据长度：255
备　　注：数据来自国家统计局数据库，行政区划编码是根据国家统计局发布的《统计用区划代码和城乡划分代码编制规则》编制，规定统计用区划代码和城乡划分代码分为两段17位，这里节选统计用区划代码使用，由1～6代码构成，其各代码表示为：第1～2位，为省级代码；第3～4位，为地级代码；第5～6位，为县级代码

2.2.6.21.2　地理位置

字段代码：SA62001
字段名称：地理位置
英文名称：Geographical position
释　　义：耕地位置四至范围描述，以拐点经纬度来表示
数据类型：数值
量　　纲：度
数据长度：11
小 数 位：7

极 大 值：136（东经）；60（北纬）

极 小 值：72（东经）；0（北纬）

备　　注：采用十进制表示。例，东经：117.223 456 1；北纬：30.225 632 1

2.2.6.21.3 耕地面积

字段代码：SA62002

字段名称：耕地面积

英文名称：Cultivated land area

释　　义：辖区耕地面积

数据类型：数值

量　　纲：万亩

数据长度：11

小 数 位：2

极 大 值：99 999 999.99

极 小 值：0

2.2.6.21.4 常年主栽农作物

字段代码：SA62003

字段名称：常年主栽农作物

英文名称：Perennial main crops

释　　义：当地常年播种的农作物种类

数据类型：文本

数据长度：255

2.2.6.21.5 质量类别

字段代码：SA62004

字段名称：质量类别

英文名称：Quality category

释　　义：根据土壤污染程度和农产品超标情况对耕地进行质量类别划分

数据类型：文本

数据长度：255

备　　注：质量类别包括优先保护类、安全利用类、严格管控类三类

2.2.6.22　耕地质量类别分类信息统计表

2.2.6.22.1　行政区划编码

字段代码：MA10105

字段名称：行政区划编码

英文名称：Administrative division code

释　　义：行政区划编码（到县级代码）

数据类型：文本

数据长度：255

备　　注：数据来自国家统计局数据库，行政区划编码是根据国家统计局发布的《统计用区划代码和城乡划分代码编制规则》编制，规定统计用区划代码和城乡划分代码分为两段17位，这里节选统计用区划代码使用，由1～6代码构成，其各代码表示为：第1～2位，为省级代码；第3～4位，为地级代码；第5～6位，为县级代码

2.2.6.22.2　地理位置

字段代码：SA62001

字段名称：地理位置

英文名称：Geographical position

释　　义：耕地位置四至范围描述，以拐点经纬度来表示

数据类型：数值

量　　纲：度

数据长度：11

小 数 位：7

极 大 值：136（东经）；60（北纬）

极 小 值：72（东经）；0（北纬）

备　　注：采用十进制表示。例，东经：117.223 456 1；北纬：30.225 632 1

2.2.6.22.3　耕地面积

字段代码：SA62002

字段名称：耕地面积

英文名称：Cultivated land area

释　　义：辖区耕地面积

数据类型：数值

量　　纲：万亩

数据长度：11

小 数 位：2

极 大 值：99 999 999.99

极 小 值：0

2.2.6.22.4　常年主栽农作物

字段代码：SA62003

字段名称：常年主栽农作物

英文名称：Perennial main crops

释　　义：当地常年播种的农作物种类

数据类型：文本

数据长度：255

2.2.6.22.5　种植制度

字段代码：SA62101

字段名称：种植制度

英文名称：Planting system

释　　义：农田上种植作物的种植制度

数据类型：文本

数据长度：255

备　　注：种植制度包括单作、轮作、间作、套作、混作等五类

2.2.6.22.6　周边污染源分布情况

字段代码：SA62102

字段名称：周围污染源分布情况

英文名称：Distribution of surrounding pollution sources
释　　义：造成耕地周围环境污染的污染物发生源的情况
数据类型：文本
数据长度：255

2.2.6.22.7　土壤点位个数

字段代码：SA62103
字段名称：土壤点位个数
英文名称：Number of soil points
释　　义：土壤点位的个数
数据类型：数值
量　　纲：个
数据长度：11
小 数 位：0
极 大 值：9 999 999 999
极 小 值：0

2.2.6.22.8　土壤环境质量评价结果

字段代码：SA62104
字段名称：土壤环境质量评价结果
英文名称：Soil environmental quality assessment results
释　　义：根据土壤污染程度对土壤环境质量进行评价的结果
数据类型：文本
数据长度：255
备　　注：土壤环境质量评价结果，主要分为优先保护类、安全利用类、严格管控类三类

2.2.6.22.9　农产品点位个数

字段代码：SA62105
字段名称：农产品点位个数
英文名称：Number of agricultural products
释　　义：农产品点位的个数
数据类型：数值

量　　纲：个
数据长度：11
小 数 位：0
极 大 值：9 999 999 999
极 小 值：0

2.2.6.22.10 农产品质量评价结果

字段代码：SA62106
字段名称：农产品质量评价结果
英文名称：Agricultural product quality evaluation results
释　　义：根据农产品超标情况对农产品质量进行评价的结果
数据类型：文本
数据长度：255
备　　注：农产品质量评价结果，主要分为不超标、轻微超标、超标和严重超标四类

2.2.6.22.11 质量类别

字段代码：SA62107
字段名称：质量类别
英文名称：Quality category
释　　义：根据土壤污染程度和农产品超标情况对耕地进行质量类别划分
数据类型：文本
数据长度：255
备　　注：质量类别包括优先保护类、安全利用类、严格管控类三类

3 索引

3.1 数据表索引

（续）

（续）

3.2 属性数据索引

（续）

（续）

数据表名称	字段代码	字段名称	标题序号	页码
样品任务表	MA10407	采样地点	2.2.1.4.7	39
	MA10408	发布时间	2.2.1.4.8	39
	MA10409	发布人员	2.2.1.4.9	39
	MA10410	修改时间	2.2.1.4.10	40
	MA10411	修改人员	2.2.1.4.11	40
	MA10412	主栽作物	2.2.1.4.12	40
	MA10413	任务状态	2.2.1.4.13	40
	MA10414	记录人	2.2.1.4.14	41
	MA10415	记录时间	2.2.1.4.15	41
	MA10416	土壤编码	2.2.1.4.16	41
	MA10417	农作物编码	2.2.1.4.17	41
	MA10418	县名称	2.2.1.4.18	42
	MA10419	乡（镇、街道）名称	2.2.1.4.19	42
	MA10420	村（屯）名称	2.2.1.4.20	42
	MA10421	土类名称	2.2.1.4.21	42
	MA10422	亚类名称	2.2.1.4.22	43
	MA10423	平行样	2.2.1.4.23	43
	MA10424	任务类型	2.2.1.4.24	43
	MA10425	等级	2.2.1.4.25	43
采集信息登记表	CO20101	采样人编号	2.2.2.1.1	44
	CO20102	任务编号	2.2.2.1.2	44
	MA10105	行政区划编码	2.2.2.1.3	44
	MA10405	东经	2.2.2.1.4	45
	MA10406	北纬	2.2.2.1.5	45
	CO20103	二维码	2.2.2.1.6	46
	CO20104	采样时间	2.2.2.1.7	46
	CO20105	海拔高度	2.2.2.1.8	46

（续）

（续）

数据表名称	字段代码	字段名称	标题序号	页码
采集信息登记表	CO20133	化肥 K_2O 施用总量	2.2.2.1.36	56
	CO20134	复合肥养分总量比例	2.2.2.1.37	56
	CO20135	复合肥施用量	2.2.2.1.38	56
	CO20136	有机肥施用总量	2.2.2.1.39	57
	CO20137	化肥 N 施每亩施用量	2.2.2.1.40	57
	CO20138	化肥 P_2O_5 每亩施用量	2.2.2.1.41	57
	CO20139	化肥 K_2O 每亩施用量	2.2.2.1.42	58
	CO20140	复合肥养分平均量比例	2.2.2.1.43	58
	CO20141	有机肥平均施用量	2.2.2.1.44	58
	CO20142	农药种类	2.2.2.1.45	59
	CO20143	农药总用量	2.2.2.1.46	59
	CO20144	农药亩均用量	2.2.2.1.47	59
	CO20145	水源情况	2.2.2.1.48	60
	CO20146	灌溉水量	2.2.2.1.49	60
	CO20147	产地灌溉水渠是否固化	2.2.2.1.50	60
	CO20148	农膜使用总量	2.2.2.1.51	61
	CO20149	地膜使用总量	2.2.2.1.52	61
	CO20150	地膜覆盖面积	2.2.2.1.53	61
	CO20151	当年自然灾害	2.2.2.1.54	62
	CO20152	采样地块	2.2.2.1.55	62
	CO20153	采样坐标	2.2.2.1.56	62
	CO20154	采样植株	2.2.2.1.57	63
	CO20155	周边标志物	2.2.2.1.58	63
	CO20156	土样包装	2.2.2.1.59	63
	CO20157	农产品包装	2.2.2.1.60	63
	CO20158	采样地块承包人	2.2.2.1.61	64
	CO20159	采样人员	2.2.2.1.62	64

（续）

数据表名称	字段代码	字段名称	标题序号	页码
采集信息登记表	CO20160	采样组长	2.2.2.1.63	64
	CO20161	校对人	2.2.2.1.64	64
	CO20162	完成时间	2.2.2.1.65	64
	CO20163	记录人	2.2.2.1.66	65
	CO20164	记录时间	2.2.2.1.67	65
	CO20165	采样次数	2.2.2.1.68	65
	CO20166	现场采样记录	2.2.2.1.69	66
	CO20167	备注	2.2.2.1.70	66
采样点位登记表	CO20102	任务编码	2.2.2.2.1	66
	CO20201	采集编码	2.2.2.2.2	66
	CO20202	顺序	2.2.2.2.3	67
	MA10405	东经	2.2.2.2.4	67
	MA10406	北纬	2.2.2.2.5	67
	CO20203	记录人	2.2.2.2.6	68
	CO20204	记录时间	2.2.2.2.7	68
	CO20205	照片	2.2.2.2.8	68
采集样品进度表	MA10105	行政区划编码	2.2.2.3.1	69
	MA10301	单位名称	2.2.2.3.2	69
	CO20102	任务编码	2.2.2.3.3	69
	CO20159	采样人员	2.2.2.3.4	70
	CO20160	采样组长	2.2.2.3.5	70
	CO20301	土壤采集任务总量	2.2.2.3.6	70
	CO20302	已完成土壤采集任务数量	2.2.2.3.7	71
	CO20303	未完成土壤采集任务数量	2.2.2.3.8	71
	CO20304	土壤采集执行进度	2.2.2.3.9	71
	CO20305	农产品采集任务总量	2.2.2.3.10	72
	CO20306	已完成农产品采集任务数量	2.2.2.3.11	72
	CO20307	未完成农产品采集任务数量	2.2.2.3.12	72
	CO20308	农产品采集执行进度	2.2.2.3.13	73

（续）

数据表名称	字段代码	字段名称	标题序号	页码
自然环境状况调查表	CO20401	行政界线类型	2.2.2.4.1	73
	CO20402	东至	2.2.2.4.2	74
	CO20403	南至	2.2.2.4.3	74
	CO20404	西至	2.2.2.4.4	74
	CO20405	北至	2.2.2.4.5	74
	CO20406	土地面积	2.2.2.4.6	75
	CO20407	国土面积	2.2.2.4.7	75
	CO20408	耕地面积	2.2.2.4.8	75
	CO20409	园地面积	2.2.2.4.9	76
	CO20410	草地面积	2.2.2.4.10	76
	CO20411	林地面积	2.2.2.4.11	76
	CO20412	其他土地面积	2.2.2.4.12	77
	CO20413	耕地面积百分比	2.2.2.4.13	77
	CO20414	园地面积百分比	2.2.2.4.14	78
	CO20415	草地面积百分比	2.2.2.4.15	78
	CO20416	林地面积百分比	2.2.2.4.16	78
	CO20417	其他土地面积百分比	2.2.2.4.17	79
	CO20418	地类编码	2.2.2.4.18	79
	CO20419	地类名称	2.2.2.4.19	79
	CO20420	地貌类型	2.2.2.4.20	80
	CO20421	山地面积百分比	2.2.2.4.21	80
	CO20422	丘陵面积百分比	2.2.2.4.22	80
	CO20423	高原面积百分比	2.2.2.4.23	81
	CO20424	平原面积百分比	2.2.2.4.24	81
	CO20425	盆地面积百分比	2.2.2.4.25	81
	CO20426	面状水系代码	2.2.2.4.26	82
	CO20427	面状水系名称	2.2.2.4.27	82

（续）

数据表名称	字段代码	字段名称	标题序号	页码
自然环境状况调查表	CO20428	线状水系代码	2.2.2.4.28	82
	CO20429	线状水系名称	2.2.2.4.29	83
	CO20430	河流流量	2.2.2.4.30	83
	CO20431	渠道代码	2.2.2.4.31	84
	CO20432	渠道名称	2.2.2.4.32	84
	CO20433	渠道流量	2.2.2.4.33	84
	CO20434	气候带	2.2.2.4.34	85
	CO20435	湿度带	2.2.2.4.35	85
	CO20436	气候类型	2.2.2.4.36	85
	CO20437	年积温	2.2.2.4.37	86
	CO20438	年降水量	2.2.2.4.38	86
	CO20439	全年日照时数	2.2.2.4.39	86
	CO20440	无霜期	2.2.2.4.40	87
	CO20441	年平均温度	2.2.2.4.41	87
	CO20442	年蒸发量	2.2.2.4.42	88
	CO20443	多年主要自然灾害	2.2.2.4.43	88
	CO20444	土壤退化与生态破坏类型	2.2.2.4.44	88
	CO20445	资料来源	2.2.2.4.45	89
社会经济状况调查表	CO20501	总人口	2.2.2.5.1	89
	CO20502	农业人口	2.2.2.5.2	89
	CO20503	国民生产总值	2.2.2.5.3	90
	CO20504	国内生产总值	2.2.2.5.4	90
	CO20505	国民经济总产值	2.2.2.5.5	90
	CO20506	工业产值	2.2.2.5.6	91
	CO20507	农业产值	2.2.2.5.7	91
	CO20508	种植业总产值	2.2.2.5.8	92
	CO20509	第三产业总产值	2.2.2.5.9	92

（续）

数据表名称	字段代码	字段名称	标题序号	页码
社会经济状况调查表	CO20510	县以上工业总产值	2.2.2.5.10	92
	CO20511	农民年人均纯收入	2.2.2.5.11	93
	CO20512	资料来源	2.2.2.5.12	93
农业生产土地利用状况调查表	CO20120	农作物类型名称	2.2.2.6.1	93
	CO20121	农作物类型代码	2.2.2.6.2	94
	CO20122	农作物品种名称	2.2.2.6.3	94
	CO20123	农作物品种代码	2.2.2.6.4	94
	CO20124	作物品种特征	2.2.2.6.5	95
	CO20601	作物常年单产	2.2.2.6.6	95
	CO20602	常年产量水平	2.2.2.6.7	96
	CO20603	有机农产品总产量	2.2.2.6.8	96
	CO20604	绿色农产品总产量	2.2.2.6.9	96
	CO20605	无公害农产品总产量	2.2.2.6.10	97
	CO20606	地标农产品总产量	2.2.2.6.11	97
	CO20607	主要农作物种类	2.2.2.6.12	98
	CO20608	常年播种面积	2.2.2.6.13	98
	CO20609	有机农产品播种面积	2.2.2.6.14	98
	CO20610	绿色农产品播种面积	2.2.2.6.15	99
	CO20611	无公害农产品播种面积	2.2.2.6.16	99
	CO20612	地标农产品播种面积	2.2.2.6.17	99
	CO20613	有机农产品商品率	2.2.2.6.18	100
	CO20614	绿色农产品商品率	2.2.2.6.19	100
	CO20615	无公害农产品商品率	2.2.2.6.20	100
	CO20616	地标农产品商品率	2.2.2.6.21	101
	CO20617	纳入国家农产品基地名称	2.2.2.6.22	101
	CO20618	纳入国家农产品基地农产名总产量	2.2.2.6.23	101
	CO20619	纳入国家农产品基地农产品商品率	2.2.2.6.24	102

（续）

（续）

数据表名称	字段代码	字段名称	标题序号	页码
区域污染状况调查表	CO20725	历史调查有无工业污泥污染	2.2.2.7.25	110
	CO20726	历史调查有无生活污水污染	2.2.2.7.26	110
	CO20727	历史调查有无生活垃圾污染	2.2.2.7.27	110
	CO20728	历史调查有无沟塘河泥污染	2.2.2.7.28	111
	CO20729	历史调查有无农用化学物质及有机肥污染	2.2.2.7.29	111
	CO20730	工业废水中 Cd 排放量	2.2.2.7.30	111
	CO20731	工业废水中 Hg 排放量	2.2.2.7.31	112
	CO20732	工业废水中 As 排放量	2.2.2.7.32	112
	CO20733	工业废水中 Pb 排放量	2.2.2.7.33	113
	CO20734	工业废水中 Cr^{6+} 排放量	2.2.2.7.34	113
	CO20735	工业废水中 Cu 排放量	2.2.2.7.35	113
	CO20736	工业废水中 Zn 排放量	2.2.2.7.36	114
	CO20737	工业废水中 Ni 排放量	2.2.2.7.37	114
	CO20738	工业废水中 COD 排放量	2.2.2.7.38	115
	CO20739	工业废气排放总量	2.2.2.7.39	115
	CO20740	工业废气二氧化硫排放量	2.2.2.7.40	115
	CO20741	业已发现的是否有产地安全超标	2.2.2.7.41	116
	CO20742	业已发现的农产品超标产品类型	2.2.2.7.42	116
	CO20743	业已发现的农产品超标类型	2.2.2.7.43	117
	CO20744	业已发现的土壤超标类型	2.2.2.7.44	117
	CO20745	调查污染评估农产品超标类型	2.2.2.7.45	117
	CO20746	调查污染评估土壤超标类型	2.2.2.7.46	118
	CO20747	调查污染评估污染物类型	2.2.2.7.47	118
	CO20748	资料来源	2.2.2.7.48	118

（续）

（续）

数据表名称	字段代码	字段名称	标题序号	页码
制备样品登记表	MA10105	行政区划编码	2.2.3.1.1	131
	MA10301	单位名称	2.2.3.1.2	131
	MA10403	单位编码	2.2.3.1.3	132
	CO20102	任务编码	2.2.3.1.4	132
	CO20103	二维码	2.2.3.1.5	132
	CO20201	采集编码	2.2.3.1.6	133
	PR20101	记录人	2.2.3.1.7	133
	PR20102	记录时间	2.2.3.1.8	133
	PR20103	备注	2.2.3.1.9	133
制备样品进度表	MA10105	行政区划编码	2.2.3.2.1	134
	MA10301	单位名称	2.2.3.2.2	134
	CO20102	任务编码	2.2.3.2.3	134
	PR30201	土壤制备样品总量	2.2.3.2.4	135
	PR30202	已完成土壤制备样品数量	2.2.3.2.5	135
	PR30203	未完成土壤制备样品数量	2.2.3.2.6	135
	PR30204	土壤制备执行进度	2.2.3.2.7	136
	PR30205	农产品制备样品总量	2.2.3.2.8	136
	PR30206	已完成农产品制备样品数量	2.2.3.2.9	137
	PR30207	未完成农产品制备样品数量	2.2.3.2.10	137
	PR30208	农产品制备执行进度	2.2.3.2.11	137
质控样品登记表	MA10105	行政区划编码	2.2.4.1.1	138
	MA10301	单位名称	2.2.4.1.2	138
	MA10403	单位编码	2.2.4.1.3	139
	CO20102	任务编码	2.2.4.1.4	139
	CO20103	二维码	2.2.4.1.5	139
	CO20201	采集编码	2.2.4.1.6	139
	QC40101	质控编码	2.2.4.1.7	140

（续）

（续）

数据表名称	字段代码	字段名称	标题序号	页码
平行密码样品表	CO20106	样品类型	2.2.4.3.1	147
	QC40301	pH 范围上	2.2.4.3.2	148
	QC40302	pH 范围下	2.2.4.3.3	148
	QC40303	CEC 范围上	2.2.4.3.4	148
	QC40304	CEC 范围下	2.2.4.3.5	149
	QC40305	有机质范围上	2.2.4.3.6	149
	QC40306	有机质范围下	2.2.4.3.7	149
	QC40307	土壤镉含量范围上	2.2.4.3.8	150
	QC40308	土壤镉含量范围下	2.2.4.3.9	150
	QC40309	土壤汞含量范围上	2.2.4.3.10	151
	QC40310	土壤汞含量范围下	2.2.4.3.11	151
	QC40311	土壤砷含量范围上	2.2.4.3.12	151
	QC40312	土壤砷含量范围下	2.2.4.3.13	152
	QC40313	土壤铅含量范围上	2.2.4.3.14	152
	QC40314	土壤铅含量范围下	2.2.4.3.15	152
	QC40315	土壤铬含量范围上	2.2.4.3.16	153
	QC40316	土壤铬含量范围下	2.2.4.3.17	153
	QC40317	土壤铜含量范围上	2.2.4.3.18	153
	QC40318	土壤铜含量范围下	2.2.4.3.19	154
	QC40319	土壤锌含量范围上	2.2.4.3.20	154
	QC40320	土壤锌含量范围下	2.2.4.3.21	155
	QC40321	土壤镍含量范围上	2.2.4.3.22	155
	QC40322	土壤镍含量范围下	2.2.4.3.23	155
	QC40323	农产品镉含量范围上	2.2.4.3.24	156
	QC40324	农产品镉含量范围下	2.2.4.3.25	156
	QC40325	农产品汞含量范围上	2.2.4.3.26	156
	QC40326	农产品汞含量范围下	2.2.4.3.27	157

（续）

（续）

数据表名称	字段代码	字段名称	标题序号	页码
定值监控样品表	QC40415	土壤锌含量范围下	2.2.4.4.16	167
	QC40416	土壤镍含量范围上	2.2.4.4.17	168
	QC40417	土壤镍含量范围下	2.2.4.4.18	168
	QC40418	农产品镉含量范围上	2.2.4.4.19	169
	QC40419	农产品镉含量范围下	2.2.4.4.20	169
	QC40420	农产品汞含量范围上	2.2.4.4.21	169
	QC40421	农产品汞含量范围下	2.2.4.4.22	170
	QC40422	农产品砷含量范围上	2.2.4.4.23	170
	QC40423	农产品砷含量范围下	2.2.4.4.24	171
	QC40424	农产品铅含量范围上	2.2.4.4.25	171
	QC40425	农产品铅含量范围下	2.2.4.4.26	171
	QC40426	农产品铬含量范围上	2.2.4.4.27	172
	QC40427	农产品铬含量范围下	2.2.4.4.28	172
	QC40428	农产品铜含量范围上	2.2.4.4.29	173
	QC40429	农产品铜含量范围下	2.2.4.4.30	173
	QC40430	农产品锌含量范围上	2.2.4.4.31	173
	QC40431	农产品锌含量范围下	2.2.4.4.32	174
	QC40432	农产品镍含量范围上	2.2.4.4.33	174
	QC40433	农产品镍含量范围下	2.2.4.4.34	175
检测样品登记表	MA10105	行政区划编码	2.2.5.1.1	175
	MA10301	单位名称	2.2.5.1.2	176
	MA10403	单位编码	2.2.5.1.3	176
	CO20102	任务编码	2.2.5.1.4	176
	CO20103	二维码	2.2.5.1.5	176
	CO20201	采集编码	2.2.5.1.6	177
	DE50101	批次编号	2.2.5.1.7	177
	DE50102	pH	2.2.5.1.8	177

（续）

数据表名称	字段代码	字段名称	标题序号	页码
检测样品登记表	QC40204	pH 检测方法	2.2.5.1.9	178
	DE50103	CEC	2.2.5.1.10	178
	QC40205	CEC 检测方法	2.2.5.1.11	178
	DE50104	有机质	2.2.5.1.12	179
	QC40206	有机质检测方法	2.2.5.1.13	179
	DE50105	机械组成	2.2.5.1.14	179
	DE50106	机械检测方法	2.2.5.1.15	179
	DE50107	土壤容重	2.2.5.1.16	180
	DE50108	土壤容重检测方法	2.2.5.1.17	180
	DE50109	土壤含水量	2.2.5.1.18	180
	DE50110	土壤含水量检测方法	2.2.5.1.19	181
	DE50111	土壤镉含量	2.2.5.1.20	181
	QC40207	土壤镉检测方法	2.2.5.1.21	181
	DE50112	土壤汞含量	2.2.5.1.22	182
	QC40208	土壤汞检测方法	2.2.5.1.23	182
	DE50113	土壤砷含量	2.2.5.1.24	182
	QC40209	土壤砷检测方法	2.2.5.1.25	183
	DE50114	土壤铅含量	2.2.5.1.26	183
	QC40210	土壤铅检测方法	2.2.5.1.27	183
	DE50115	土壤铬含量	2.2.5.1.28	183
	QC40211	土壤铬检测方法	2.2.5.1.29	184
	DE50116	土壤铜含量	2.2.5.1.30	184
	QC40212	土壤铜检测方法	2.2.5.1.31	184
	DE50117	土壤锌含量	2.2.5.1.32	185
	QC40213	土壤锌检测方法	2.2.5.1.33	185
	DE50118	土壤镍含量	2.2.5.1.34	185
	QC40214	土壤镍检测方法	2.2.5.1.35	186

（续）

数据表名称	字段代码	字段名称	标题序号	页码
检测样品登记表	DE50119	农产品镉含量	2.2.5.1.36	186
	QC40215	农产品镉检测方法	2.2.5.1.37	186
	DE50120	农产品汞含量	2.2.5.1.38	186
	QC40216	农产品汞检测方法	2.2.5.1.39	187
	DE50121	农产品砷含量	2.2.5.1.40	187
	QC40217	农产品砷检测方法	2.2.5.1.41	187
	DE50122	农产品铅含量	2.2.5.1.42	188
	QC40218	农产品铅检测方法	2.2.5.1.43	188
	DE50123	农产品铬含量	2.2.5.1.44	188
	QC40219	农产品铬检测方法	2.2.5.1.45	189
	DE50124	农产品铜含量	2.2.5.1.46	189
	QC40220	农产品铜检测方法	2.2.5.1.47	189
	DE50125	农产品锌含量	2.2.5.1.48	189
	QC40221	农产品锌检测方法	2.2.5.1.49	190
	DE50126	农产品镍含量	2.2.5.1.50	190
	QC40222	农产品镍检测方法	2.2.5.1.51	190
	DE50127	是否通过	2.2.5.1.52	191
	DE50128	记录人	2.2.5.1.53	191
	DE50129	记录时间	2.2.5.1.54	191
检测数据审核表	MA10105	行政区划编码	2.2.5.2.1	191
	MA10301	单位名称	2.2.5.2.2	192
	DE50101	批次编号	2.2.5.2.3	192
	DE50201	审核时间	2.2.5.2.4	192
	DE50202	是否合格	2.2.5.2.5	193
	DE50203	审核次数	2.2.5.2.6	193
	DE50204	数据审核意见处理机构	2.2.5.2.7	193
	DE50205	数据审核意见处理结果	2.2.5.2.8	194
	DE50206	数据审核意见处理原因说明	2.2.5.2.9	194

（续）

（续）

数据表名称	字段代码	字段名称	标题序号	页码
农产品产地土壤环境质量例行监测区域土壤CEC统计表	SA60205	CEC25%分位值	2.2.6.3.7	230
	SA60206	CEC 中位值	2.2.6.3.8	230
	SA60207	CEC75%分位值	2.2.6.3.9	231
	SA60208	CEC 几何平均值	2.2.6.3.10	231
	SA60209	CEC 几何标准偏差	2.2.6.3.11	232
农产品产地土壤环境质量例行监测区域土壤有机质含量统计表	MA10105	行政区划编码	2.2.6.4.1	232
	CO20102	任务编码	2.2.6.4.2	233
	SA60301	有机质含量最大值	2.2.6.4.3	233
	SA60302	有机质含量最小值	2.2.6.4.4	233
	SA60303	有机质含量算数平均值	2.2.6.4.5	234
	SA60304	有机质含量标准偏差	2.2.6.4.6	234
	SA60305	有机质含量 25%分位值	2.2.6.4.7	235
	SA60306	有机质含量中位值	2.2.6.4.8	235
	SA60307	有机质含量 75%分位值	2.2.6.4.9	235
	SA60308	有机质含量几何平均值	2.2.6.4.10	236
	SA60309	有机质含量几何标准偏差	2.2.6.4.11	236
农产品产地土壤环境质量例行监测区域土壤镉含量统计表	MA10105	行政区划编码	2.2.6.5.1	237
	CO20102	任务编码	2.2.6.5.2	237
	SA60401	镉含量最大值	2.2.6.5.3	238
	SA60402	镉含量最小值	2.2.6.5.4	238
	SA60403	镉含量算数平均值	2.2.6.5.5	238
	SA60404	镉含量标准偏差	2.2.6.5.6	239
	SA60405	镉含量 25%分位值	2.2.6.5.7	239
	SA60406	镉含量中位值	2.2.6.5.8	240
	SA60407	镉含量 75%分位值	2.2.6.5.9	240
	SA60408	镉含量几何平均值	2.2.6.5.10	241
	SA60409	镉含量几何标准偏差	2.2.6.5.11	241

（续）

（续）

（续）

（续）

数据表名称	字段代码	字段名称	标题序号	页码
农产品产地土壤环境质量例行监测区域土壤汞点位安全评估结果表	MA10105	行政区划编码	2.2.6.14.1	276
	CO20102	任务编码	2.2.6.14.2	276
	DE50112	土壤汞含量	2.2.6.14.3	277
	SA61301	土壤汞污染指数	2.2.6.14.4	277
	SA61302	土壤汞累积指数	2.2.6.14.5	277
农产品产地土壤环境质量例行监测区域土壤砷点位安全评估结果表	MA10105	行政区划编码	2.2.6.15.1	278
	CO20102	任务编码	2.2.6.15.2	278
	DE50113	土壤砷含量	2.2.6.15.3	279
	SA61401	土壤砷污染指数	2.2.6.15.4	279
	SA61402	土壤砷累积指数	2.2.6.15.5	279
农产品产地土壤环境质量例行监测区域土壤铅点位安全评估结果表	MA10105	行政区划编码	2.2.6.16.1	280
	CO20102	任务编码	2.2.6.16.2	280
	DE50114	土壤铅含量	2.2.6.16.3	281
	SA61501	土壤铅污染指数	2.2.6.16.4	281
	SA61502	土壤铅累积指数	2.2.6.16.5	281
农产品产地土壤环境质量例行监测区域土壤铬点位安全评估结果表	MA10105	行政区划编码	2.2.6.17.1	282
	CO20102	任务编码	2.2.6.17.2	282
	DE50115	土壤铬含量	2.2.6.17.3	283
	SA61601	土壤铬污染指数	2.2.6.17.4	283
	SA61602	土壤铬累积指数	2.2.6.17.5	283
农产品产地土壤环境质量例行监测区域土壤铜点位安全评估结果表	MA10105	行政区划编码	2.2.6.18.1	284
	CO20102	任务编码	2.2.6.18.2	284
	DE50116	土壤铜含量	2.2.6.18.3	285
	SA61701	土壤铜污染指数	2.2.6.18.4	285
	SA61702	土壤铜累积指数	2.2.6.18.5	285

（续）

数据表名称	字段代码	字段名称	标题序号	页码
农产品产地土壤环境质量例行监测区域土壤锌点位安全评估结果表	MA10105	行政区划编码	2.2.6.19.1	286
	CO20102	任务编码	2.2.6.19.2	286
	DE50117	土壤锌含量	2.2.6.19.3	287
	SA61801	土壤锌污染指数	2.2.6.19.4	287
	SA61802	土壤锌累积指数	2.2.6.19.5	287
农产品产地土壤环境质量例行监测区域土壤镍点位安全评估结果表	MA10105	行政区划编码	2.2.6.20.1	288
	CO20102	任务编码	2.2.6.20.2	288
	DE50118	土壤镍含量	2.2.6.20.3	289
	SA61901	土壤镍污染指数	2.2.6.20.4	289
	SA61902	土壤镍累积指数	2.2.6.20.5	289
耕地质量类别分类统计表	MA10105	行政区划编码	2.2.6.21.1	290
	SA62001	地理位置	2.2.6.21.2	290
	SA62002	耕地面积	2.2.6.21.3	291
	SA62003	常年主栽农作物	2.2.6.21.4	291
	SA62004	质量类别	2.2.6.21.5	291
耕地质量类别分类信息统计表	MA10105	行政区划编码	2.2.6.22.1	292
	SA62001	地理位置	2.2.6.22.2	292
	SA62002	耕地面积	2.2.6.22.3	293
	SA62003	常年主栽农作物	2.2.6.22.4	293
	SA62101	种植制度	2.2.6.22.5	293
	SA62102	周围污染源分布情况	2.2.6.22.6	293
	SA62103	土壤点位个数	2.2.6.22.7	294
	SA62104	土壤环境质量评价结果	2.2.6.22.8	294
	SA62105	农产品点位个数	2.2.6.22.9	294
	SA62106	农产品质量评价结果	2.2.6.22.10	295
	SA62107	质量类别	2.2.6.22.11	295

3.3 空间数据索引

图层代码	图层名称	标题序号	页码
AD101	行政区划图	2.2.2.9.1	127
AD201	行政单位所在地点位图	2.2.6.1.1	198
AD202	行政界线图	2.2.6.1.2	199
AD203	辖区边界图	2.2.6.1.3	199
GE101	水系图	2.2.2.9.2	127
GE102	道路图	2.2.2.9.3	128
GE103	渠道图	2.2.2.9.4	128
GE104	居民及工矿用地图	2.2.2.9.5	128
GE105	地貌类型分区图	2.2.2.9.6	128
GE106	地形部位分区图	2.2.2.9.7	129
GE201	面状水系图	2.2.6.1.4	199
GE202	线状水系图	2.2.6.1.5	199
LM101	灌排设施分布图	2.2.2.9.8	129
LM102	灌溉分区图	2.2.2.9.9	129
LM103	排水分区图	2.2.2.9.10	129
LU101	土地利用现状图	2.2.2.9.11	130
LU201	农用地地块图	2.2.6.1.6	200
LU202	非农用地地块图	2.2.6.1.7	200
SB101	土壤类型图	2.2.2.9.12	130
SB102	种植业区划图	2.2.2.9.13	130
SB103	农业区划图	2.2.2.9.14	130
SB104	成土母质图	2.2.2.9.15	131
SB201	土壤耕层质地分区图	2.2.6.1.8	200
SE201	农产品产地土壤环境质量例行监测区域三类重点区分布图	2.2.6.1.9	200
SE202	农产品产地土壤环境质量例行监测采样点位分布图	2.2.6.1.10	201

（续）

（续）

图层代码	图层名称	标题序号	页码
SE221	农产品产地土壤环境质量例行监测区域农产品锌超标情况分布图	2.2.6.1.29	208
SE222	农产品产地土壤环境质量例行监测区域农产品镍超标情况分布图	2.2.6.1.30	209
SE223	农产品产地土壤环境质量例行监测区域土壤重金属综合污染指数分布图	2.2.6.1.31	209
SE224	农产品产地土壤环境质量例行监测区域土壤镉点位污染指数分布图	2.2.6.1.32	209
SE225	农产品产地土壤环境质量例行监测区域土壤汞点位污染指数分布图	2.2.6.1.33	210
SE226	农产品产地土壤环境质量例行监测区域土壤砷点位污染指数分布图	2.2.6.1.34	210
SE227	农产品产地土壤环境质量例行监测区域土壤铅点位污染指数分布图	2.2.6.1.35	211
SE228	农产品产地土壤环境质量例行监测区域土壤铬点位污染指数分布图	2.2.6.1.36	211
SE229	农产品产地土壤环境质量例行监测区域土壤铜点位污染指数分布图	2.2.6.1.37	211
SE230	农产品产地土壤环境质量例行监测区域土壤锌点位污染指数分布图	2.2.6.1.38	212
SE231	农产品产地土壤环境质量例行监测区域土壤镍点位污染指数分布图	2.2.6.1.39	212
SE232	农产品产地土壤环境质量例行监测区域土壤镉污染指数分布图	2.2.6.1.40	213
SE233	农产品产地土壤环境质量例行监测区域土壤汞污染指数分布图	2.2.6.1.41	213
SE234	农产品产地土壤环境质量例行监测区域土壤砷污染指数分布图	2.2.6.1.42	213

（续）

（续）